流光待月明

古灯小史

周杨/著

AWAITING THE MOONLIGHT:
A BRIEF HISTORY OF CHINESE ANCIENT LAMPS

海峡出版发行集团 | 福建人民出版社
THE STRAITS PUBLISHING & DISTRIBUTING GROUP | FUJIAN PEOPLE'S PUBLISHING HOUSE

图书在版编目（CIP）数据

流光待月明：古灯小史 / 周杨著. -- 福州：福建人民出版社, 2025. 5. -- ISBN 978-7-211-09768-5

Ⅰ. TS956-092

中国国家版本馆CIP数据核字第2025SW5317号

流光待月明：古灯小史

LIUGUANG DAI YUEMING：GUDENG XIAOSHI

作　　者：周　杨
责任编辑：郑翠云
美术编辑：白　玫
责任编辑：陈　璟
出版发行：福建人民出版社　　电　　话：0591-87533169（发行部）
网　　址：http://www.fjpph.com　　电子邮箱：fjpph7211@126.com
地　　址：福州市东水路76号　　邮　　编：350001
经　　销：福建新华发行（集团）有限责任公司
印　　刷：福州德安彩色印刷有限公司
地　　址：福州市金山工业区浦上B区42幢
开　　本：889毫米×1194毫米 1/32
印　　张：6.875
字　　数：136千字
版　　次：2025年5月第1版　　2025年5月第1次印刷
书　　号：ISBN 978-7-211-09768-5
定　　价：69.00元

For Dr. Light

目录 Contents

前言

当夜幕升起，现代城市在璀璨的霓虹灯下，披上了耀眼夺目的外衣。人类对星空的敬畏、流连与幻想，在灯光之中，渐渐变得不那么明晰。灯光照亮了人类文明的前路，让人们得以温柔地走进良夜。

在中国古代物质文化史上，灯具无疑是重要的一环。它不仅贯穿于人们的日常生活，寄托着人们在现世中的细腻情感，同时也凝聚着人们对宇宙星空的想象，传达着人们对时间和生死的理解。古往今来，人们设计每一种照明设备时，其灵感无不是源自天空中的月光与星辰。那些在光芒引领人们认识自然的同时，也被赋予了某种神圣性。

“光”字在甲骨文中即已出现，它的上半部是一个象形的火字，下半部是一个跪坐的人物形象。中国古人理解的光是人与火的结合，如何认识火、利用火、制造火并保留火种，是人们追求光明历程中的基本议题，也是灯具出现的基本前提。中国古代的灯具有“登”“镫”“锭”“灯”“烛”等不同的称谓，其背后则反映制造灯具的不同材料、燃料、燃烧方式与照明传统。对中国古代灯具进行系统梳理，我们可以勾勒出一幅幅鲜活的文化图景——在追寻光、创造光和延续光的过程中，照明技术是如何演进的；在重重的光影之中，不同时代的知识与历史是如何书写的；在政治与权力的裹挟下，灯具是如何成为一种秩序标识的；在中外文化碰撞和交汇时，新的审美潮流与时代风尚是如何作用于灯具之上的；在宗教世界与世俗世界的交织互动中，灯具发挥了怎样的媒介作用；当人们在生离死别间徘徊时，灯具可以传达哪些观念和期许；当人们在人间烟火与山水田园间往复时，灯具能够寄托怎样的情志；在节日绚丽的灯火中，作为景观的灯具是如何将社会与人群联结起来的；在夜色下，作为意象的灯具又是如何将历史与当代缀合起来的……

灯具的创造和发展，不断改变着人与自然的关系，也不断塑造着人与社会的关系。在描绘日常和超越日常的过程中，人们在灯具中融入了神圣性、仪式性、实用性与艺术性等不同维度的设计理念。灯具点亮的过程中也伴随着很多不同的声音——燧石相互击打的声音，木棒钻动火床的声音，阳燧点燃草叶的声音，火镰与火石碰撞的声音，蜡油滴落烛台的声音，煤气嘶嘶喷射的声音，电流嗡嗡作响的声音……每一种声音的背后都有无数张鲜活的面孔，每一张面孔下都有各自独特的表达。

在漫漫长夜中，与灯光同样重要的是天地间的自然光。流光熠熠，明月朗朗，这部《流光待月明：古灯小史》旨在讲述中国古人造光的历程，同时也旨在反思灯光与夜空的关联，让我们在灯火通明的夜色之中，重新唤起对自然光的感知与敬畏。

燧火开焰始为灯：中国古代灯具的渊源

燧火开焰

在高山之巅，在大河之畔，在丘陵之间，在沧海之滨，人们都曾以不同的方式迎接太阳的升起，又静待夜幕的降临。灯具消弭了晨昏的界限，成为人们联结昼夜的媒介。万年以来，人们在与自然的博弈过程中，尝试以各种方式来制作和改良灯具。驱走黑暗的原动力，来自地球上两种原始的力量——雷电与火。

从志留纪（距今约4.4亿年前）的石化碳标本中，我们可以寻得迄今为止所能探测到的最古老的野火的证据。从泥盆纪（距今约4.05亿年前）晚期开始，全球火山增多，大规模的野火开始出现。火与电，在人类出现以前的亿万年里，便已将生命的夜空照亮。人类对火的认识大抵出于偶然。考古证据表明，大约190万年前在非洲进化的直立人是最早控制和使用火的人。到了距今40万年前，尼安德特人则拉开了欧洲人习惯性用火的序幕，在德国的旧石器洞穴遗址中，曾发现了燧石和烧焦的矛头。在东亚，山西的西侯渡遗址曾出土距今180万年的烧骨；在北京周口店遗址第四层，考古学家发现了距今二三十万年的用火遗存。这些，都为我们勾勒出人类从认识野火到有意识地控制火的历程。到了新石器时代，火与人们的日常起居息息相关。甘肃秦安大地湾遗址、西安半坡遗址与临潼姜寨遗址中，很多房屋基址内都发现有火塘遗迹。火为人们带来温暖、改变人们饮食方式的同时，也带来光明，打破了人们对夜晚的恐惧。

人类文明发展的不同阶段有不同的取火方式，对于火种的保存也有不同的方法。在点火活塞与火柴广泛使用以前，人们取火的方式主要有三种：钻木取火法、反光镜聚焦法和火镰击石法。

钻木取火是史前先民取火的基本方式。《韩非子·五蠹》中即有燧人氏“钻燧取火，以化腥臊”的传说，事实上，它贯穿了整个人类文明史。直到近代，这种方法在世界某些地区仍被使用，甚至被赋予某种神圣性。钻木取火其实只是使用木材生火的一种基本方法，根据摩擦木料之间的角度差别，还有“锯木取火”和“犁木取火”两种方式。其基

内蒙古凉城县王墓山坡下遗址出土火种炉

本原理都是通过木块摩擦产生热量，使得木屑冒烟，再通过吹气的方式发热，进而使用火绒引燃。世界上不同的地区，存在着不同的钻木取火方式。例如在南亚、东南亚，人们会使用劈开的竹子制作火床（取火时放在地上的木料）和木锯进行“锯木”；在非洲，人们普遍使用木棍制成的火钻，在经过钻孔的火床上反复旋转。在中国新石器时代的一些房屋遗址中，还遗留着钻火的木棒和木片。在居延和敦煌的许多汉代烽燧遗址中，此类遗物保存数量可观，通常以钻孔的木料和木棒组合而成。这样的取火方式，在近代中国南方地区的民间仍然传承使用。因而，简单的木料生火背后，牵涉的是不同的生计方式和文化习俗。

生火只是掌握用火的第一步，如何使火种得以保存，则关系到以火照明的可持续性。早在新石器时代仰韶文化时期，人们便已经学会了保留火种。在这一时期的房址遗迹中，火塘的后壁常放置有火种罐，罐内有覆盖火种的草灰余烬，一些火种罐附近还会伴出钻火留下的木料残迹。在内蒙古凉城县王墓山坡下仰韶文化遗址中，曾出土了数件火种炉，炉壁有火烧痕迹，炉内有灰烬。在关中地区龙山时代的房屋遗址附近，还发现红烧土结成的火种坑。凡此种种都表明，在青铜时代到来的前夜，人们已经能够熟练地取火并保留火种，而照明工具也正是在这样的背景下开始形成。

青铜时代到来后，人们以青铜制成凹面镜，利用日光反射聚焦引燃艾草而生火。这种反光镜在文献中称作“燧”（《周礼·考工记》）、“金燧”（《礼记·内则》）或“阳燧”（《淮南子·天文训》）。西晋崔豹《古今注》中有详细的记载：“阳燧，以铜为之，形如镜，向日则火生，以艾承之，则得火也。”考古发现的阳燧实物，主要集中在两周至西汉时期，直径在8—10厘米之间，厚2毫米左右，可持于掌间。目前发现年代最早的阳燧可追溯至西周时期。例如，陕西周原遗址60号墓中便出土了一件西周晚期的阳燧。至战国时期，在山西侯马晋侯铸铜遗址中，考古学家发现了用于烧铸阳燧的整套陶范，证明了阳燧生产的方式。阳燧具有“取明火于日”“与天相通”的含义，因而它并非普通人所能使用，考古发现的实物也常出土于

周原遗址出土西周青铜阳燧

坚《初学记》引《说文》云“锭谓之灯”，又引西晋吕静《韵集》解释说：“灯，无足曰灯，有足曰锭。”北宋徐铉对《说文》中“锭”的注释中写道：“锭中置烛，故谓之镫。今俗别作灯，非是。”他一方面强调了“镫”的正体字形，指出汉晋时期的“灯”为俗体，另一方面则明确提出“锭”和“镫”均是对灯具的称谓。由这些记载可知，不管是“锭”“镫”还是“灯”，灯具的称谓从汉晋时期便开始出现明确的所指，名称往往与其具体的形制有关。

不同的灯具有不同的材质、造型与装饰纹样，基于不同的自然环境与文明背景，形成了丰富多彩的面貌。追本溯源，灯具的形成，最初都源自人们对火焰的掌控与调节。因此，不同的燃料与燃烧方式，决定了灯具最初的两种基本结构。一种是利用固态燃料直接燃烧从而成为照明用具，起初是火把，后来则是蜡烛。火把通常由富含油脂的木材为原料，蜡烛的原料则更为复杂。第二种是用石头、贝壳或者陶瓷、金属等材料制成的开口容器来装填液态燃料，然后利用支承的灯炷将其固定在一定的高度上。火把和蜡烛在考古遗址中都不易保存，能保存下来的遗物通常是第二种。但早期的灯具和一般容器很难在形制上区分，辨识的标准通常是其上燃烧的痕迹。此外，支承的灯炷有软硬之分，同样与不同的燃料特点有关。

目前可知最早的蜡烛诞生于古埃及，大约可以追溯至公元前3000年前。从古埃及的壁画中可见，其早期的形式是将油脂块固定在支撑的小木棒周围，后来人们在木棒顶端固定一个圆盘或杯形容器，再将油脂或者蜡块放入其中。后来，古埃及人还发明了细蜡烛，即将纤维材料缠绕成细长的筒形，然后再灌入动物油脂或者石蜡。为了防止燃料在燃烧过程中逸散，人们还会在燃料外用易燃材料制成窄带条加以缠绕。这样的蜡烛既可以手持，同时也可以插在地上或者泥盆中。它们常出现在表现丧葬仪式的壁画中，表明灯具在早期文明中，是仪式活动不可或缺的一部分。

蜡烛在中国并非自古有之，《礼记·曲礼》孔颖达疏言“古者未有蜡烛，唯呼火炬为之也”。类似于古埃及的细状蜡烛，中国要到东汉时期才出现。广州东汉晚期的墓葬中出土了陶质烛台，由炷和座两部分组成。座为盆形，炷立于盆形座中间，上半中空，用以插放蜡烛。遗憾的是，其上并未发现蜡烛实物。具体的蜡烛实物，目前最早得见于河南陕州区唐代姚懿墓，烛身长43厘米，直径5.5厘米。先由麻皮卷成灯芯，再在熔好的蜡液中反复多次浸染，从而形成数层，最后在表面彩绘黑绿色梅花等装饰图案。

尽管中国在早期阶段尚未发现蜡烛，但是在新石器时代的遗址中，发现了燃烧木料以进行照明的遗迹。在宁夏海原县菜园子村的土洞居址中，在门洞两侧和两室的东壁上，于高出地面5—130厘米的洞壁上共发现了火苗状红烧土块近百处。其中，过半的遗迹发现于13号居址的西壁上（约公元前2550—公元前2150年）。在红烧土下方分布有大小不同的

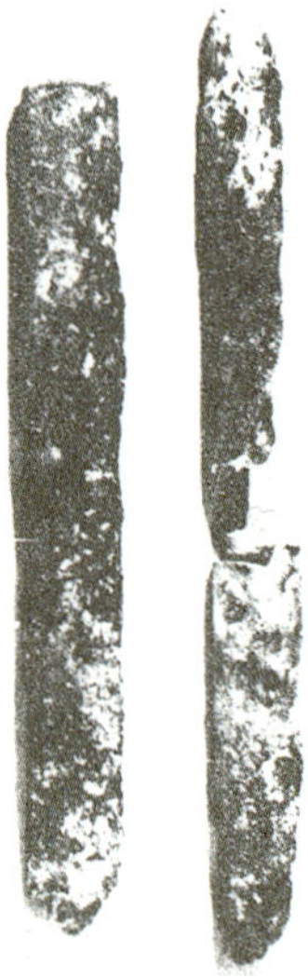

唐代姚懿墓出土蜡烛

圆形孔洞，宽4—5厘米、高7—10厘米，进深3—5厘米。圆孔内壁被烧成青灰色。考古学家推测，这些痕迹应当是用红松木条插于壁上点燃形成。红松的木料油脂较多，易燃耐燃，火焰相对稳定，且亮度较高。考古学家对此进行了模拟实验，他们将2厘米粗、20厘米长的红松木条插入5厘米深的窑壁上点燃，大约需要49分50秒才能将外露的15厘米烧尽。这表明，最初的照明方式，是对木材的加工和燃烧。也许正是由于蜡烛的出现，灯和烛在东汉时期正式分野，后来的

“灯”一词便开始专指油灯，而“烛”则开始专指蜡烛。依据燃烧方式的不同，灯具正式形成了“灯”与“烛”两个密切联系但又各有渊源的传统。

使用容器装填液态燃料进行照明的灯具，最早发现于西欧的旧石器时代洞穴中，通常用于绘制洞穴岩画时照明之用。例如在法国的拉斯科洞穴中，人们在洞壁上发现了野牛主题的岩画，同时还在附近发现了装有少量油脂遗迹和灯芯的石灯。相比火炬和蜡烛，油灯开启了古代灯具发展的另一条发展道路。世界上不同的文明基于其自然环境，制成了不同类型的油灯，这些灯具在带来光明的同时，也反映出人与生态的互动关系。例如，爱斯基摩人的油灯由带有凹面的卵石或陶土加工而成，以海象的油脂为燃料，以地衣拧成的绳子为灯芯。在乌尔王陵中，油灯则由海螺壳和双壳砗磲等软体动物的壳加工而成。古埃及的油灯则是用敞开式的碟、碗状容器盛装油脂或蓖麻油，用干草拧成绳子作灯芯。

从目前的考古发现来看，中国古代油灯的出现不晚于商代，集中出现于战国秦汉时期。这些灯具多为金属或陶质，以动物油脂或植物油为燃料。形制上有的与豆类食器相近，有的则为动物或人物造型。例如，湖北包山2号楚墓就出土了两件铜质人擎灯。湖北望山2号楚墓出土有一件铜质人骑骆驼灯。这些灯具上一般都有环状凹槽形灯盏。每个灯盏的中部通常有一个或二个锥形火炷（灯上用于点燃的部位），灯炷一般用剥去麻皮的麻秆制成，点燃时要先浸泡在动物油脂中。盛放油脂的灯盏通常都较浅，容油不多且易烟熏。西汉时期出现了装有烟管的釭灯，有效解决烟熏问题的同时，也增加了灯具作为艺术品的表现力。

秦汉以降，灯具的种类与造型更多，其功能也越发多样，不仅在器物层面呈现出异彩纷呈的面貌，同时也开始

动物和人物造型的豆形灯具

左图：湖北包山 2 号楚墓出土的人擎灯
右图：湖北望山 2 号楚墓出土的人骑骆驼灯

在观念层面形成了丰富的涵意和多重的意象，在精神层面寄托了无数文人与艺术家细腻而敏锐的情感。燃烧的火焰不仅仅是人们最初在荒野中驱散野兽、照亮前路的武器，也不仅仅是用于沟通天地与未知世界的媒介，它们开始成为重要礼仪场合中举足轻重的道具，当然更是日常生活中必不可少的照明工具。由此，伴随着灯具物质形态形成和发展，中国的古代照明也形成了三种传统，即祭祀用火、秩序标识与日常照明。

祭祀用火、秩序标识与日常照明

太阳为世间驱走严寒的同时，也带来了光明。人类早期文明在描绘太阳时，通常都会将其与圆形的火焰、飞翔的神鸟等形象相联系。例如，浙江余姚河姆渡遗址（距今约7000年前）出土的象牙质碟形器上，有两只鸟以太阳为中心相对飞行的画面。又如，四川成都金沙遗址（公元前17—公元前11世纪）中便出土了表现太阳神鸟的金箔饰片，火焰状的漩涡便是太阳的形象。

以太阳为媒介，人们将火与光明联系在一起，许多文明在其文化传统中，都将对光明的向往寓于对火的崇拜之中。在中美洲地区，人们认为火具有转化、清洁和恢复的神圣力量，太阳则象征着秩序与道德的正确。玛雅文明的建筑与墓葬铭文记载了一系列的用火仪式，例如k’ahk’（入火）和

成都金沙遗址出土太阳神鸟金箔饰

el-naah（熏室），都是在重要周期结束时用以表现清洁和复兴意义。阿兹特克人以52年为一个周期，他们会在结束时举行新火仪式。此外，人们还会通过焚烧祭品来将其自身与祖先和神灵联结在一起，火则充当着这种联结的桥梁，这些仪式及其内涵一直传承至今。在古代波斯琐罗亚斯德教的教义中更是将火视为洁净的象征，火坛成了教徒们膜拜的圣物。

在5—7世纪，随着中亚粟特人沿着丝绸之路进入中国，这些火坛的形象也随着各种物质载体进入华夏文明的视野。不过，在华夏文明传统中，火和太阳本身也具有特殊的意义，并被描绘为不同的视觉形象。《周礼·考工记》在涉及“画缋之事”时提到了“火以圜”。丁山将其与青铜器上位于龙蛇纹样之间的圆涡纹联系在一起，并认为这便是《左传》所载象征雷电的“火龙”，马承源更明确地认为这种圆形涡状纹饰便是火，是太阳的形象与光明的象征。对于这种纹饰，刘敦愿结合新石器时代的陶器纹样，提出了一个很有想象力的推测，即这种纹饰便是钻木取火的抽象化符号。图像纹饰中的这种“火”被称作“明火”，自然不可与大地上的野火同日而语。像其他文明一样，它因为“从天来”而具有某种神圣性，与祭祀活动密切相关。“明火”是用阳燧聚日光而取得，明火点燃的灯具则被称为“明烛”。《周礼·秋官·司烜氏》云：“司烜氏掌以夫燧取明火于日，以鉴取明水于月，以供祭祀之明齍、明烛，共明水。”郑玄在注中说：“取日之火、月之水，欲得阴阳之洁气也。”由此可知，在祭祀活动中，明火点燃的灯具是与明水相组合，其间渗透着人们的阴阳观念。

取明火、明水的仪式，自商周时期开始，经历秦代，并为汉唐所继承。在这漫长的历史过程中，充当“明烛”的灯具也在发生着变化。孙机指出，这些灯具在商周时期表现为承搭饮灯炷的中柱灯，在战国秦汉时期则为铜制带烟管的

河北平山县出土战国时期鸟柱灯

鸟柱灯，这种造型与神鸟作为光明象征的意象一脉相承。三国至西晋时期，空柱灯取代了鸟柱灯，取明火的仪式走向式微。至隋唐时期，虽然文献中仍记载有以阳燧取明火的祭祀仪式，但基本的明烛灯具已经变为盏唇搭炷式灯。

除了以明火、明水取天地之洁气外，宫廷中在端门内外还会设置庭燎与大烛。《周礼·秋官·司烜氏》："凡邦之大事，共坟烛庭燎。"郑玄注云："树于门外曰大烛，于门内曰庭燎，皆所以照众为明。"庭燎之光在《诗经》中也有描绘，《诗经·小雅·庭燎》云："夜如何其，夜未央，庭燎之光。夜如何其，夜未艾，庭燎晰晰。夜如何其，夜乡晨，庭燎有辉。"这种昼夜不熄的灯火，既不同于祭祀天地的明火，也超出了一般的生活实用性照明。在春秋时期，齐桓公曾在宫门之外竖立庭燎以延揽士人。竖立在特定的位置上，用以表现对人才的渴求，灯具彰显出在建立政治与社会秩序时的特殊意义。魏晋之时，宫廷节日仪式中常会竖立多枝灯，这些灯具非寻常百姓所能使用。明确的身份限定与其自身的华丽装饰，也使其超越了一般照明的基本功能，从而建立起一套可视化的秩序，这是中国古代照明的第二个传统。

相比于祭祀用火与秩序标识，灯具立足于日常照明的实用性则更为接地气，反映了每个时代大多数人的需求。一般百姓的生活起居需要室内的照明，这些灯具通常都是盛放动植物油料的碗钵状容器，或是制作简易的蜡烛。从明清时期的绘画作品中我们也可以看到，随着街巷规划的完善，城市的街道上也出现了悬挂灯笼的路灯。宋元以降，东南沿海地区海洋贸易兴盛，泉州、福州、漳州等沿海港口附近皆建立用以导航的航标塔，其上的灯火对于航海具有不可替代的作用。在军事活动中，灯具也是军旅行伍的必备品。据《宋史・许仲宣传》记载，许仲宣在征讨江南时，时任都部署的曹彬命令随军准备数万件陶器，供给士卒作为灯具。在城防环节，城池之上每个垛口上也会悬挂灯笼，同时安排守卫按时更换蜡烛，以达到预警的目的。在民间，文人和富贵之家也会以特定造型的灯具，进行身份或财富的标榜，此时的灯具同样会超越其原有功能，而成为一种奢侈品或艺术品。此外，在工业采伐中，灯具同样不可或缺，特别是在近代以来的矿产开采活动中，灯具不仅仅是工程活动所必需之物，同样也会为井下在黑暗中活动的人们带来一丝希望和慰藉。

直到今天，随着电气化的全面普及，电灯已经基本替代了灯烛而成为日常照明的基本方式。在很多节日场合，大型的灯光秀融入了多种感官形式，也成了一种新的艺术形式，在中国古代照明的三个传统之外，开辟了灯具更多的可能性。

木油膏脂待夜阑：中国古代灯具的燃料

木油膏脂为灯燃

当人们第一次用火将灯芯点燃的那一刻起便开始考虑如何使火光持续、稳定地燃烧的问题。燃烧需要燃料，不同的燃料有不同的来源、性质与使用方式。在古代中国，使用何种燃料不仅取决于人们所处的生态环境，也与不同地区人们的生活方式、社会组织形式密切相关。此外，对燃料的使用，始终受到人们身份与财富差别的制约。尽管自然界的竹叶草木、动物油脂均可作为灯具的燃料，不同的燃料将灯火点燃的同时，也映射出世间数不尽的人情冷暖与悲欢离合。

按照造型、材质或内部构造，人们对灯具有不同的分类方式。不过，灯具的不同设计首先是由燃料和燃烧方式所决定的。从世界范围看，古代灯具的燃料在基本来源上可以分为动物燃料、植物燃料与矿石燃料三类。在欧洲北部地区，人们主要以鱼类、鸟类、鲸和海豹的油脂作为燃料；在地中海地区，人们主要使用橄榄油、蓖麻油、亚麻籽油等植物油作为燃料；在巴比伦和波斯等西亚地区，人们曾长期使用矿物油作为燃料。以上三类灯具燃料，在中国古代文献记载中均有出现。

动物油脂在秦汉时期即被用作灯具燃料，尤其受到帝王及社会上层的青睐，这与其来源稀缺密切相关。《史记·秦始皇本纪》记载秦始皇陵中，“以人鱼膏为烛，度不灭者久之”。又汉代《淮南子·万毕术》云：“取蚖脂为灯，置水中，即见诸物。”人鱼膏与蚖脂究竟指何物，今天已无法明确知晓。不过，唐代的笔记小说《酉阳杂俎》记载了一种名为“奔鲟”的动物，这种“非鱼非蛟”的动物外形上“雄雌阴阳类人”，叫声“如婴儿啼”，杀一头可得三四斛膏以作照明之用。从其描述可推知，所谓“奔鲟”可能为今天的大鲵。前代所谓的“人鱼膏”与“蚖脂”，应与其油脂相类。文中又提到了这类燃料的照明效果，即“照读书纺绩辄暗，照欢乐之处则明”，由此可以推测，这类燃料并非实用，而是用于特殊场合。在汉唐笔记小说中，君王为求长生会设“长生之灯”，燃“龙膏”；公主生病时召方士做法，也会焚“蜃脂”。此类灯烛中的“龙膏”“蜃脂”，很可能也都是从动物的油脂中所得，其获取固非易事，因而也彰显了使用者身份的华贵与使用场合的特别。

目前汉代的铜质灯具中使用的燃料大多为动物油脂。在这类燃料中，以牛油最为常见，这在考古遗存中可以得到证实。在贵州清镇平坝15号墓中曾出土一件三足铜灯，在其前盘底部的浅槽中的空心灯管里，考古人员发现了油脂残迹，推测可能是动物油脂。河北满城汉墓1号墓出土了一件卮灯，人们在灯盏中发现了灰绿色的块状物。考古学家采用了有机溶剂、红外光谱鉴定、灼烧试验等方法，明确鉴定出这些残留物为牛油。除了动物油脂，蜂蜡一类的有机混合物也常被用作灯具燃料。江苏盱眙大云山1号墓江都王陵中曾出土了一块固体残留物，与一批铜制灯具共出。研究者通过有机溶剂、红外光谱、色谱质谱联用等分析方法，结合文献资料，推定该固体材料为蜂蜡。

从燃料的基本形态来看，动物油脂和有机混合物因含饱和脂肪酸，一般在常温下呈固态。为了固定这些固态燃料，灯具上一般会设置烛钎。两汉时期，带烛钎的通常是铜质灯具，铁质灯具和制作精良的陶瓷灯具有的也会设置烛钎，但相比前者数量较少。它们的使用者多为社会上层或是财力雄厚的地方豪强，这也从另一个角度反映出动物燃料的价值不菲。不过，动物油脂在燃烧过程中不可避免地会产生腥臭的异味，北宋何薳在《春渚纪闻》中就记载了牛脂制成的蜡烛在燃烧时“血腥盈鼻”的感官体验。为此，上层社会在使用动物油脂制作灯烛燃料时，往往会在其中添加香料。据南宋陈元靓《博闻录》记载，宋代的官烛在制作时，常将龙涎香灌注其中，再以红罗缠绕灯烛，灯烛燃烧时则会香气盈鼻。同时，人们还会加入特殊的矿物材料，使得燃烧产生的烟气呈现五彩的纹样。可见，灯具的燃料在不断发展的过程中，不仅要满足基本的燃烧功能，还可以满足人们更加丰富的感官体验。

相比动物油脂而言，植物燃料在古代中国灯具中的使用则更为普遍，但是不同的植物燃料在具体使用时，仍然存在身份与使用场合的界限。东汉郭宪所撰《汉武洞冥记》中记载汉武帝曾经在殿阁上燃芳苡灯，火焰呈紫色，引得黑龙、白凤戏于阁上。所谓“芳苡灯”，因以芳苡草作燃料而得名，芳苡草具体为何种植物尚有待考证，但其获得必非易事。除此之外，《汉武洞冥记》还记载，汉武帝元鼎元年（公元前116年）时曾建招仙阁，恰好地方上进贡来自嵧嵣山中的细枣。嵧嵣山位于海岛之上，山中的枣树万年才结一次果，果实中的膏油可用来燃灯。以上这些植物燃料的叙述大多为夸张之辞，往往也都与汉代的升仙观念有关，自非寻常百姓所能使用。一般的树木草叶是日常生活中最易得的燃烧之物，故而成了贫寒之士赖以点灯照明的依靠。唐李冗撰《独异志》记载，南朝刘宋时期有一名叫柳积的寒士勤苦为学，但家中贫穷，每晚只能燃烧树枝树叶代替书灯，后终学业有成，官至太子舍人。所以草木均可燃，其本无贵贱，人使之然而已。除了植物本身以及植物果实中的膏油，树木上分泌出的油蜡一类的混合物也可以用作灯具的燃料。宋人戴石屏有诗云："麦麨朝充食，松明夜当灯。"明代陆深在其《燕闲录》中曾解释说："深山老松，心有油者如蜡。山西人多以代烛，谓之松明，颇不畏风。"以松明作为灯烛的燃料不仅在明代民间很常见，在佛教的一些供养仪式中，点燃松明的过程也被赋予了更多的寓意。在今天日本奈良东大寺的观世音菩萨供养仪式上，还保留着点燃松明以求祛除疫病、国泰民安的环节。

自战国秦汉至唐代中期，大多数百姓在日常照明时主要使用的是油灯。这些油灯一般没有过于华丽的装饰。与之相应的，从兰香、火麻、桐树以及植物籽料中提炼出的植物油，则是灯具燃料的大宗。这些植物燃料由于含有不饱和脂肪酸，在常温下呈液态。其中，从兰香中提炼的"兰膏"屈原已有吟咏。《史记·货殖列传》中记载的"千亩漆"则与桐树籽榨取的桐油有关，此类燃料在植物燃料中仍然价值不菲。一般百姓使用的，主要是从麻和瓠籽中提取的油。这里所说的麻指的是先秦以来便作为粮食作物种植的麻，又称"火麻""黄麻"。《诗经·豳风·七月》所云"黍稷重穋，禾麻菽麦"，即表明麻在基本食粮中的重要位置。麻雄雌异株，雌麻为苴，结子。它的子叫作"蕡"，在《礼记·内则》中与菽、麦、稻、黍、粱、秫等并列。种植麻原本是为了用于制作衣服和食用，但麻的子还可以用作灯具的基本燃料。《齐民要术·种麻子》引《四民月令》载："苴麻，子黑，又实而重，捣治作烛，不做麻。"麻子榨成的油通常不用于食用，而专为点灯使用。又《齐民要术·荏蓼》云"麻子脂膏，并有腥气"，说明像很多动物油脂一样，这种灯油也会发出异味。不过，火麻油确是民间最重要的灯具燃料，在后世一直沿用，明代冯应京的《月令广义》与戴羲的《养余月令》中便提到"田边宜种（麻），遮六畜，其子可压灯油"。除了麻之外，瓠瓜或葫芦的籽料也常被用来制作灯油，这种做法从汉代到元明时期的文献中均有记载。

至明代，宋应星的《天工开物》系统归纳了日常燃灯与造烛用油的各种类型和优劣之处。其中燃灯以"柏仁内水油为上，芸薹次之，亚麻子次之，棉花子次之，胡麻次之，桐油与柏混油为下"；造烛则以"柏皮油为上，蓖麻子次之，柏混油每斤入白蜡结冻次之，白蜡结冻诸清油又次之，樟树子油又次之，冬青子油又次之"。他还指出当时北方燃灯时广泛使用的牛油，比这些植物油则更为下选。由此可知，到了明清时期，植物油类燃料已经成为民间灯具燃料的主流，这一方面与人们日常生活的实践选择有关，另一方面也与当时农业的繁荣密不可分。

灯油不似固态燃料那样易于留下痕迹，考古所见的灯具中有少数灯盘中有灯油的残留物。西安龙首原西北医疗设备厂58号汉墓中，在墓道东北角龛内曾出土一件陶质灯碗，碗内尚有油渍痕迹。此前有研究者通过实验考古的方法，对汉代植物用油的提炼方式进行了推测：汉代可能用水煮法提取灯油，以麻纤维搓制灯芯燃灯。

除了动物油脂与植物燃料外，矿物燃料在古代中国虽然尚未普及，但也有相关发现。例如在洛阳汉河南县故城东汉居址内发现煤和煤渣，在洛阳瀍河冬安汉代陶窑的火塘内发现煤的痕迹。煤炭虽然在汉代不见于文献中，但在具体实践中已经被有意无意地作为燃料使用。作为灯具燃料而言，《酉阳杂俎》中记载了高奴县产一种石脂水，并言“水腻，浮水上如漆。采以膏车及燃灯，极明”。这种“石脂水”很有可能就是今天的石油，其燃灯照明的效果自非动植物的油脂燃料所能比拟。唐宋以降，人们在生活实践中，对于矿物燃料有了更深的认识。南宋诗人陆游在《老学庵笔记》中就有细致的记录。对于姜夔《烛诗》中所言“但喜明如蜡，何嫌色似黳”，他提道：“宋烛出延安，予在南郑数见之，其坚如石，照席极明，亦有泪如蜡，而烟浓能熏污帷幕衣服，故西人亦不贵之。”陕北所出的这种“石蜡”，在颜色、燃烧性状与照明效果方面，都与煤炭相似，而此地在今天仍是重要的产煤地。尽管西北之人因为其易得且烟浓而不以为贵，但南方人还是因其超出一般燃料的照明效果，而包容了其缺陷。此外，在燃料中加入特殊的矿物成分，还会营造出别样的色彩效果。唐代冯贽《南部烟花记》记载隋炀帝宫中的灯烛白烛芯至跋“皆用异屑”，点燃时“有异彩数重”。

通过增加矿物燃料以在燃烧时达到更多色彩的方式，在宋元以后同样常见。

除了燃料，灯具的灯芯也十分重要。“然灯不下炷，有油那得明？”古乐府中的这句《读曲歌》，生动诠释了灯芯和燃料的关系。灯芯有软硬之分。硬质灯芯通常以纤维物包裹细竹条、麻秸或芦苇而成，灯芯质硬，中空。固态的油脂、蜂蜡等附于灯芯之上后加工成蜡烛，再插于灯具的烛钎上。湖北襄阳王坡35号汉墓中，在第二级台阶附近设置了六个灯龛，其内置的陶灯盘内，可发现已经炭化的黑色灯芯，

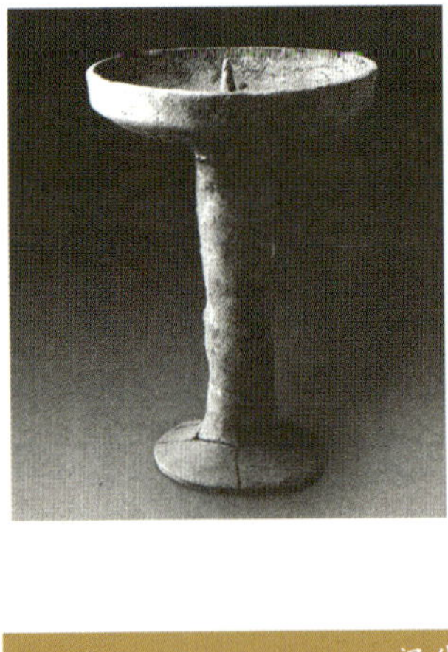

汉代灯具及其灯芯

左图：湖北襄阳王坡35号墓出土陶灯
右图：广西合浦风门岭23号墓出土铜灯

这类灯芯即硬质灯芯。软质灯芯通常由灯芯草或一些质地较软的草本植物制成。灯芯草是一种多年生草本植物，草茎最高可达一米，其内含有乳白色茎髓，这种茎髓在晾干后性状疏松柔软，是制作灯芯的上好材料。一般而言，灯盘中盛放灯油，灯芯浸入后利用毛细现象原理即可将灯油吸入顶部，进而直接点火即可，因此灯盘中通常没有烛钎。在考古发现中，这类灯芯有的是置于灯盘一侧或灯盘流嘴之上。例如，满城汉墓1号墓曾出土一件羊形灯，灯盘一侧有一个宽约1.35厘米至1.9厘米的流嘴，发掘者认为是放置灯捻所用。也有的灯芯是置于灯盘中心的小台子上。例如，广西合浦风门岭23号墓中出土一件铜质行灯，在灯盘的支钉上尚残存三股绞缠而成的灯芯，下部则搭于灯盘中。据发掘者称，盘中尚存灯油残留物。有了灯芯与燃料，灯具也就有了相对稳定而持久的火光，由此为人间带来了勃勃生机。

人间烟火与民脂民膏

古人日出而作，日落而息。灯火为人们驱走黑暗的同时，也令夜晚的时间得以被利用起来。因此，拥有灯烛与点亮灯烛的燃料，不仅意味着拥有更多物质层面的财富，更意味着拥有更多可以掌控的时间。“昼短苦夜长，何不秉烛游”，灯烛的使用，似乎也延长了人的生命。对灯具造型的考究与对灯具燃料的改良，是人们对日间生活意犹未尽的具体化延伸，寄托着人们对时间的渴求与向往，而灯烛照映下的夜色，既见证了上层社会的豪侈与奢华，也裹挟着民间的喜怒与疾苦。那些对财富的炫耀，对命运的奋争，对社会责任、使命以及对生活的精打细算，都在灯烛的光影间熠熠闪现，呈现出或明或暗的人间冷暖。

《礼记·内则》载："脍，春用葱，秋用芥。豚，春用韭，秋用蓼。脂用葱，膏用薤，三牲用藙，和用醯，兽用梅。"东汉郑玄注云："脂，肥凝者。释者曰膏。""脂"与"膏"最初是指人们烹饪调味时的肉与羹汁，不过，当我们梳理中国古代的灯具燃料时便发现，作为灯具燃料的动物油脂与植物膏油，其实也是"脂"与"膏"的另一重要意义。作为民脂民膏的灯具燃料，也是普通百姓日常生活的基本日用品。《列女传》中有"齐女徐吾"故事，大意是齐国东海上有一名贫妇名叫徐吾，因为买不起灯烛，每晚夜间和邻居李吾等人一起合用灯烛进行纺织。李吾排斥徐吾，徐吾说："我虽然无力负担灯烛之资，但每晚早来晚去为大家服务，坐则列于下位，屋中的灯光不会因为多一个人而变暗，也不会因为少一人而变亮，为何要吝惜墙下的余光？"众人无力反驳，于是大家继续在一起纺织。这个故事的本义是说一个人妥帖的言辞，可以使大家和谐相处，但同时也透露出一些现实的信息。一方面，至少在汉代时，人们已经开始利用灯烛在夜间进行日常的生产活动；另一方面，以灯烛为中心建立起的社交空间，不仅对个人，同时也对乡里的社会关系产生着微妙的影响。灯烛的出现，既为社会上层提供了更多的闲暇时间，同时也加重了劳动者的劳作负担。西汉王褒《僮约》记载，当时的仆役“鼓四起坐，夜半益刍……夜半无事，浣衣当白。”可见，灯光在夜晚，对不同的人群而言，是不同的两个世界。

贫寒之人固然连日常的灯烛都负担不起，即便是一般官吏或士人家庭，也会对灯具进行改良以节约燃料。陆游在《老学庵笔记》中写道：

> 《宋文安公集》中有《省油灯盏诗》，今汉嘉有之，盖夹灯盏也。一端作小窍，注清冷水于其中，每夕一易之。寻常盏为火所灼而燥，故速干，此独不然，其省油几半。

通过加入冷水以控制火量，从而达到省油的目的，可谓巧思，但是照明的效果也会受到影响。明末方以智在《物理小识·器用类》中记载了一种叫“忍蜡炷”的蜡烛，方法是将黄蜡、松脂、槐花各一斤与浮石末四两放在一起溶解，再用灯芯草浇灌，这样做出的蜡烛一昼夜只耗一寸。通过对燃灯方式和燃料配比进行改良，人们达到了节省灯具燃料的目的。

对燃料是用之有道还是奢侈铺张，既体现出社会不同阶层人群的生活处境，同时也深刻反映着人性的明暗两面。

《宋史·寇准传》载：

准少年富贵，性豪侈，喜剧饮，每宴宾客，多阖扉脱骖。家未尝爇油灯，虽庖匽所在，必然炬烛。

蜡烛在唐宋时期因为珍贵，常被用作赏赐之物。寻常人家日常所用的灯油都会节约再三，更不必说使用蜡烛，而寇准宴请宾客必燃蜡烛，自是彰显自己的华贵气场。北宋的另一位名人蒲宗孟则更为豪侈，《宋史·蒲宗孟传》载：

宗孟趣尚严整而性侈汰，藏帑丰，每旦刲羊十、豕十，然烛三百入郡舍。或请损之，愠曰："君欲使我坐暗室忍饥邪？"

如果说宴请宾客燃烛是追求体面，每夜燃烛数百还不听减省之言，则实在是不顾民生之多艰了。对于北宋官员日常的奢侈之风，欧阳修在《归田录》中曾记述道：

邓州花蜡烛名著天下，虽京师不能造。相传云是寇莱公烛法。公尝知邓州，而自少年富贵，不点油灯，尤好夜宴剧饮，虽寝室亦燃烛达旦。每罢官去，后人至官舍，见厕溷间烛泪在地，往往成堆。杜祁公为人清俭，在官未尝燃官烛，油灯一炷，荧然欲灭，与客相对清谈而已。二公皆为名臣，而奢俭不同如此。然祁公寿考终吉，莱公晚有南迁之祸，遂殁不返，虽其不幸，亦可以为戒也。

他对比了寇准的生活豪侈和杜衍的为人清俭，并将二人的最终命运与日常的生活作风联系在一起。灯烛之光照亮夜色的同时，也指明了不同品格的人所要迎来的命运之路。

官员与士大夫当以天下为己任，既要廉洁自律，同时也应有推己及人的情怀，这些人性的闪光点从他们对灯烛的态度上便可窥见一斑。谢承《后汉书》云："巴祗为扬州刺史，夜与士对坐，处暝暗之中，不燃官烛。"《梁书·傅昭传》载："（齐）明帝践阼，引昭为中书通事舍人。时居此职者，皆势倾天下，昭独廉静，无所干豫。器服率陋，身安粗粝。常插烛板床，明帝闻之，赐漆合烛盘等。"《新唐书·皇甫无逸传》载："无逸为益州大都督府长史。尝按部，宿民家，镫炷尽，主人将续进，无逸抽佩刀断带为炷，其廉介类如此。"《宋史·杨文仲传》载："文仲，添差通判台州。故事，守贰尚华侈，正月望，取灯民间，吏以白，文仲曰：'为吾燃一灯足矣。'"巴祗、傅昭、皇甫无逸、杨文仲等人为官清廉俭静，既不贪用官烛，更不滥用民间百姓之灯火，这些都体现出他们为民着想的可贵品质。相比之下，普通的读书人能用平生才学为民发声则更令人感佩。北宋晁说之在《晁氏客语》中云：

> 蔡君谟守福州，上元日，令民间一家点灯七盏。陈烈作大灯，长丈余，大书云："富家一盏灯，太仓一粒粟。贫家一盏灯，父子相对哭。风流太守知不知，犹恨笙歌无妙曲。"君谟见之，还舆罢灯。

陈烈曾以乡荐试京师不第，遂罢举，宋仁宗时屡召不起，至宋哲宗时诏为本州教授。他既不受禄，日常更是敝衣粝食，资财稍有节余，则用来周济贫困之人。蔡襄上元节的点灯令无疑会给民间带来巨大的经济压力，陈烈出于一个读书人的良知与对普通百姓的悲悯之心，采取了合理的方式予以讽谏。

夜尽烛花凝

夜幕之下，有无灯烛可以将人们分隔至不同的世界，然而拥有灯烛的人们也会用灯烛照亮截然不同的夜。南宋周密在《齐东野语》中记载了这样一个故事：

> 尝有士，父使从学，月与油烛一千，其子请益，不可。子以书白，云所谓焚膏继晷者，非为身计，正为门户计。且异日恩封，庶几及父母耳。有如吝小费，则大人承事娘子孺人辽乎邈哉。闻者绝倒。

故事中的父亲月供其子油烛上千，其子不知珍惜反而振振有词地要求增加供应，可想而知夜间是在读书还是将油烛另作他用。这个故事虽是笑谈，却也反映出灯具广泛应用于日常生活后，对人们的学习环境产生了巨大影响。夜晚不再仅仅被用来延续白天里的生产，或是用来进行社交娱乐，或是为情侣间耳鬓厮磨营造氛围，它也成为读书人改变命运的角力场。相比故事中的不肖子，中国历史上有无数人在夜间苦读，留下了勤学之名。《西京杂记》所记载的匡衡“凿壁偷光”故事早已为大众所知晓自不必多言，《南齐书》记载刘怀珍曾经常点燃用麻做成的火炬来读书，《宋史》中则记载王次翁“夜持书就旁舍借灯读之”，这些都是家贫但自强进学的事例。与之相比，另外一些用灯的事例则在表现人勤学品质之余，又彰显出一种别样的关怀。《宋史·陈彭年传》载：“彭年幼好学，母惟一子，爱之，禁其夜读书。彭年篝灯密室，不令母知。”母亲对儿子的关爱自是跃然纸上，而儿子“篝灯密室，不令母知”则更体现出儿子勤奋之余的细腻敏感。清代赵宏恩监修的《江南通志》记载了另一件事：“贡钦，字符礼，宣城人。少好学，妻杨氏佐夫勤读，每夕共檠女红，约膏残就寝。伺钦出，潜增檠膏。后钦登第官文选。”如果说母亲禁止儿子夜间读书是出于亲人的关爱，那么杨氏作为妻子暗中增添灯油则是为其夫计深远，烛光虽暗，却都饱含着人与人之间微妙的情感。

木油膏脂，可以点亮夜色。但不管是蜡烛还是油灯，燃烧都不能无休无止。灯芯烧过后，灰烬仍旧附着在灯芯上，红热状态下的灰烬在火焰中如同花朵，人们称之为“灯花”。灯花冷却后容易结碳冒烟，故需要用烛剪，将灯花剪去。剪除灯花的专门工具是烛铗、烛剪或拨灯棍。已知最早的烛剪见于陕西潼关东汉杨彪墓，通体为铜质，双股，从中间分为两半，两刃端向内铰合即可剪除灯花。灯花虽然是持续燃烧的阻碍，同时又细小而不起眼，但它也是古往今来诗人们歌咏的对象，民间更是将灯花与日常的宜忌联系在一起。明代徐炬的《古今事物原始》中便记载：“田家五行灯花不可剔去，至一更不谢，明日有吉事；半夜不谢，主有连绵喜庆之事，或有远亲信物至。”其间更有“灯花今夜开，明朝喜庆来”的民间谚语。夜临而灯火明，夜阑而烛花凝。灯烛的点燃与熄灭自然首先要取决于燃料，但其实也更取决于人们以何种姿态和心境走进夜色之中。

金涂银釭帷下暖：战国秦汉时期的金属灯具

华铜烛暖

从最初的火把，到陶土烧制成的油灯，草木与膏脂让火光持续地燃烧下去。不同的灯具以不同的燃烧方式，照亮了不同的人群、场合与空间环境，同时也融入了人们多重的感官体验与奇思妙想。新的材料和思想观念则催生了新的灯具类型，它们不仅在内部结构上较前代有所创新，在外部造型上也展现着新的时代风尚。从目前考古发现可见，春秋战国以降，墓葬中的灯具类遗存开始大量出现，至汉代时各类灯具的样式已蔚然大观。这些灯具在基本材质上有陶质、金属质与石质几类。其中，陶质灯具的数量最多，反映了民间灯具的基本类型。金属灯具为宫廷以及社会上层所垄断，一方面用以标识其等级和身份，另一方面也体现出这一时期最顶尖的灯具制作水平和艺术潮流。屈原有“娱酒不废沉日夜，兰膏明烛华铜错”之语，既道出了铜质灯具的华美雕饰，也展现了宫廷日常的奢靡。

关于灯具的名称，文献中有“烛”“镫”“锭”“灯”等不同表述，前文中我们已经辨析了其背后蕴含的两种传统。宋代史绳祖在《学斋呫哔》中言“然上林灯字却只从金旁，是以五金铸之”，汉宋两朝相去千年，这种推测虽有主观之嫌，但也揭示出汉代宫廷普遍使用金属灯具的事实。金属灯具的制造离不开金属矿产的开采与冶炼。西汉时期，官方设置少府及成体系的考工官署来监管手工业的生产，在地方郡国设有“铁官”“铜官”对金属矿产的开采进行专门管理。早在商代，黄河中下游和长江中游就形成了几个重要的铜矿开采地，例如，山西南部的中条山、湖北大冶的铜绿山以及安徽的铜陵等地，都有相关的冶铸遗址发现。西汉政府对这些铜矿持续开采。同时，随着对边疆地区的不断拓展，西南地区许多新的金属矿产资源也得到了开发利用。例如云南个旧黑马井与广西玉林铜石岭都发现了金属冶炼遗址，其矿石中的金属含量很高。在这些地区的墓葬中，均出土过制作精美的金属灯具，这与其资源环境和工匠传统密不可分。在冶炼技术方面，西汉《淮南子·万毕术》中已有“曾青得铁则化为铜”的记载；至东汉晚期，人们更是在实践中掌握了硫化铜的开采与冶炼技术。

金属材料区别于陶土的特性，在于其坚固的质地、良好的延展性和导热性以及华丽的光彩、色泽。汉代的金属灯具以铜质为主，基于先秦以来不断积累成熟的青铜器加工技艺。铜质灯具在点亮夜色的同时，也为寒风中的重帷带来阵阵暖意。然而，获得光明和温暖的代价是燃烧过程中产生的烟炱，尤其是动物油脂产生的灯烟会严重影响灯具的使用体验。为此，汉代人发明了一种带烟管的灯具，灯体上的导烟管可将脂膏燃烧产生的烟炱导入灯腹，灯腹中通过贮水以冷却、吸溶灯烟，从而保持室内的清洁。有学者将这种灯具考订为“釭灯”，其中的烟管即所谓的“釭”。

釭灯在汉唐至北宋的诗文中时常出现，而实物则频出于汉代的墓葬中，其中尤以河北满城中山靖王刘胜之妻窦绾墓出土的长信宫灯最为经典。此灯出土于窦绾墓主室门道内口西侧，因灯上刻有“长信”二字而得名。灯通高48厘米，整体分为灯座、灯盘、灯罩、灯体四部分，其中灯体呈现宫女跪坐持灯状，体内中空，分为头部、身躯和右臂三部分，每个部分皆是分别铸造后进一步组合而成。在灯盘、灯座、灯罩屏板以及宫女右臂、衣角等处刻有铭文共65字。铭文并非同时刻成，它为我们揭示了此灯的不同主人：最初的主人是阳信夷侯刘揭。汉景帝时刘揭获罪，财产被没入少府的“内者”（官名），此灯于是归长信宫尚浴府使用。长信宫在当时是窦太后居所，由此推断此灯是窦太后送给窦绾的。长信

河北满城汉墓出土长信宫灯

宫灯的灯盘可以转动，灯罩可以开合，这样的设计实现了照明方向与照明亮度的自由调节。灯体中宫女的右臂饰以垂袖造型，作为灯盘排烟的管道。当灯油被点燃时，灯盘内因燃烧产生的烟炱顺着管道上升附着在灯腔之内，其余的热气在接触温度较低的灯壁时会冷凝液化，再经宫女的身躯部分从灯盘底部的孔洞中淌出。长信宫灯的灯体底部并未发现其他引流装置，鉴于其曾用于尚浴府中，其使用时的摆放很可能直接置于易冲洗的地面或台面之上。

釭灯无疑是秦汉时期灯具的代表，除此之外，商代开始出现的形似豆盘、灯柱中空的空柱灯，以及周代开始出现的凤鸟造型的鸟柱灯也有其遗绪。不管是何种形制，这些金属灯具的高度、容积与照明的亮度设计，都与其使用的场合、空间情境及使用者的身份密切相关。

两汉时期体量最大的是多枝灯，通常用于大型仪式场合。造型各异的金属釭灯和空柱灯，通常放置于低矮的几案之上。汉代人正坐的姿势通常是双膝跪地，灯具的高度往往要配合几案高度，与人的坐姿高度相协调。汉代人的一般身高大约在1.6米—1.7米之间，席地正坐时，人的视平线高度则在100厘米上下。目前考古所见汉魏时期的几案高度约在40—50厘米，出土各类铜质灯具高度的平均值在25—30厘米之间，由此可以推算出这些金属灯具置于几案之上时的照明范围。西汉时期的金属灯具，像长信宫灯一样高度在30厘米以上的亦不在少数，不排除此类灯具直接置于地面使用的可能。灯具的体量从一个角度反映出使用者的身份差别，而金属灯具的高度差在东汉时期有所减缓，也暗示了宫廷对大型金属灯具垄断情况的松弛。

灯具的照明效果除了与高度有关，还取决于灯盘的口径、容积以及针对照明效果的特殊设计。从考古资料可见，汉代铜质灯具的灯盘口径在10厘米（±4厘米）左右，灯体的容积则在60—265毫升之间，若想使其昼夜持续照亮，则必须安排人轮值添加灯油。同时，在深宫重帷之中，要保证照明效果，就要做聚光的设计。从目前发现的釭灯中可以看到很多灯具设置了各种造型的灯罩，通过反射的原理使光线加强，同时通过灯罩自由开合，还可以调节照明的方向和灯光的强度。

汉代铜质灯具的制作延续了商周以来青铜器制作的一般方式，在通体塑造上采用铸造的方式，即先制模作范，然后注入铜液浇铸成型。春秋战国时期，为了塑造出器体表面的精致细节，青铜器的铸造工艺中出现了失蜡法，即先用蜂蜡制作器物模型，再用泥将其包裹成范，进而将铜液倒入，蜂蜡遇热熔化后流出，流入的铜液冷却成型。失蜡法在秦汉时期的铜质灯具制作中被广泛采用。在铸造出灯具整体后，工匠们通常还要面临灯柱、灯盘、灯座等不同部位装接的问题。汉代的一些铜灯在加工时也会将古建筑中的榫卯工艺应用于其中，以固定灯盘和灯柱。这样的设计既方便日常清洗，同时也便于出行拆解携带。广西梧州鹤头山汉墓出土的羽人座铜灯，在灯柱、灯盘与灯座之间便是以榫卯连接，这样的装接方式实现了灯具的随时拆卸，也使得灯具的固定和搬运更为便利。

在灯具整体成型并固定后，更进一步的便是对其表面和

广西梧州鹤头山汉墓出土羽人座铜灯

局部进行细致的加工和装饰，这时会用到鎏金、錾刻和错金银等工艺。鎏金工艺最早见于《后汉书·祭祀志》中，它是将金缕和水银和成金泥涂在金属器表面，加热使水银蒸发，金银便附着在器面不脱。青铜灯具在汉代原本便非寻常之物，以鎏金工艺进行装饰则更显华贵，绝非一般人所能享有。河北满城中山靖王刘胜墓出土青铜灯具共15件，其中也只有长信宫灯一件是鎏金工艺制成。錾刻工艺指在铜器浇铸成型后，用刻刀对其进行錾凿和镂刻，使其表面形成浮雕状；错金银则是先在铜器表面预铸出浅凹的纹饰，然后在凹槽内嵌入金银丝或金银片，最后通过打磨使器表光亮。这两种工艺在灯具的装饰中也经常用到，在闪烁的灯光下，浮雕与色泽的层次感映射出更多的韵律感。

观象制器

《周礼·考工记》云："天有时，地有气，材有美，工有巧，合此四者，然后可以为良。"这句话揭示出中国古代物质文化的核心所在，即任何一件器物其实都融合了工匠技艺、知识传承、思想观念三个传统，器物的材质与工巧之上，是自然万象与人伦大义。"观象""取象"与"尚象"是中国古代器物设计和制作时的基本法则，这对于灯具而言亦然。战国秦汉时期的金属灯具集中体现了"观象制器"的观念，其基本造型和设计母题也为后世奠定了参照的蓝本。灯具的材料、结构和工艺基于其现实功能，反映了一个时代手工业的基本特点和发展水平。而灯具的造型则融合了人们对自然和社会的理解，渗透着人们超越现实的想象与思考。

战国以降，灯具的数量与造型种类逐渐增多，至汉代时，各种别具匠心的造型层出不穷。除了以豆、卮、羽觞、盘钵等容器为基本造型的小型灯具与大型的多枝灯外，金属灯具的造型主要有动物造型与人物造型两类。其中，动物造型灯具主要有鸟形灯、羊灯、犀灯、骆驼灯等，这些灯具上作为装饰的动物形象大多取象于现实世界，但也融入了现实与非现实的多重意涵。北宋吕大临在《考古图》中即收录了一系列动物造型的汉代灯具，如“羊灯”“凤龟灯”“雁足灯”“蛟灯”“犀灯”“辟邪灯”“华鸡足灯”等。考古发现的此类灯具亦不在少数，且主要出土于诸侯王一级的墓葬中，它们集中体现了阴阳观念与现实礼制交织影响下的贵族日常。

凤鸟形象是西周以来青铜器造型核心母题之一，鸟的形象往往与太阳、明火、光明联系在一起。因此，周代祭祀用的“明烛”，在战国时期常以凤鸟的造型来装饰，学者孙机将这种灯命名为“鸟柱灯”。其中，凤鸟的基本形象与文化内涵也为秦汉灯具所继承。除了凤鸟之外，汉代的灯具中还有两类鸟的形象，一类是现实中的鸭与大雁，另一类则是融入了想象的朱雀。

鸭灯是西汉鸟形灯具中具有代表性的一类，这种灯具往往作为太子纳妃时的聘礼，体现着汉代嘉礼中的连理之义。西晋张敞《东宫旧事》有云：“宫有铜鸭头灯二，铜侍灯三，供户外用。夕供油七合。太子纳妃，有金涂四尺长灯一，金涂连盘短灯二，金涂连盘鸭灯一。”其中的“铜鸭头灯”便是以鸭子作为整体造型的釭灯，文献记载虽然时代相对较晚，但类似的灯具在汉代考古遗存中也有发现。广西合浦望牛岭汉墓中即出土过成对的鸭形釭灯，通高33厘米，长

广西合浦望牛岭汉墓出土鸭形釭灯

42厘米，鸭子的形象呈回首站立状，长尾下垂，与双足形成了三个支点，既实现了造型的美观，也保证了灯体的稳定。鸭体中空，颈部为套接，背部开有圆孔，孔内放置单柄灯盘，灯盘中设置插放膏脂的火炷。在灯盘上方，鸭头的口部被设计成喇叭形的灯罩，燃烧产生的烟炱可以被吸纳进灯罩之中。该墓葬规格较高，成组出现的鸭形灯具，很可能便是作为当时诸侯王的婚姻聘礼使用。那么，文献中的“金涂连盘鸭灯”又为何物？

虽然目前尚未有明确与之对应的器物，但山东淄博出土西汉时期的一件鸟柄豆形灯可与之参照。灯主体为铜质豆形，高13.2厘米，灯盘口径为16.6厘米。灯盘中心为锥形火炷，灯盘一侧伸出上翘的曲枝，枝头站立一只尾部翘起的鸟，鸟和树枝共同构成灯的握柄。尽管鸟的造型与鸭子尚有差距，但可以推测相似的鸭形灯同样流行于当时，且用于特殊的礼仪场合。

除了鸭子，在汉代象征婚姻与男女之情的鸟类还有大雁。在秦汉时期的鸟形釭灯之中，以大雁作为基本造型的时常出现，不过在多数鸟形灯具中，鸭和大雁的区分其实并不明显。山西朔州西汉墓中便出土过一件雁鱼釭灯，高达53厘米，由雁首、雁体、灯盘、灯罩四部分套接而成，造型为回

山东淄博出土西汉鸟柄豆形灯

山西朔州西汉墓出土雁鱼釭灯

首立雁之态，双足撑地，雁首口衔一鱼作为灯罩，灯罩为圆形，插于灯盘内，可通过转动以调节灯光的亮度和方向。除了釭灯之外，自周代延续下来的鸟柱灯，在造型上也融入了大雁或鸭子的局部元素。例如，山东临淄齐国故城出土过一件雁足灯，双层灯盘内有两个锥形火炷，其下的灯柱即用雁足进行装饰。

山东日照海曲汉墓出土朱雀踏龟铜灯

西汉末的经学家刘歆曾作《灯赋》云："惟兹苍鹤，修丽以奇。身体剡削，头颈委蛇。负斯明烛，躬含冰池，明无不见，照察纤微，以夜继昼，烈者所依。"文中所言苍鹤相比鸭与雁而言，更多了几分奇崛的气质。以其身托举祭祀之明烛，更显示出两汉之际的鸟形灯具中，鸟的形象由日常走向脱俗。到了东汉，这种身负明烛的鸟由鹤变成四神兽之一的朱雀。山东日照海曲汉墓出土过一件朱雀踏龟铜灯，高18厘米，灯盘口径10.6厘米。铜灯以龟为底座，朱雀立于其上，头顶灯盘。龟生于水中，主阴；朱雀与火有关，主阳。以龟与朱雀的形象塑造灯具，深刻反映出东汉时期精英群体的阴阳观念。

体现汉代人阴阳观念的动物，还有蟾蜍、兔子与羊，其中羊被广泛用于汉代铜灯的造型中。河北满城汉墓曾出土过一件青铜羊灯，灯体呈跪卧的羊形，高18.6厘米，长23厘米。羊前腿后跪，后腿前屈，双角下卷，体态雍容。其身体中空，用来储放灯油。羊颈后部设有活纽，臀上装小提纽，羊背向上掀开后可平置于顶作为灯盘。灯盘上设有小流用来放置灯捻。当灯熄灭时，灯盘内剩余的膏脂可顺小流流入羊腹内。除此之外，陕西凤翔曾出土过一件经过鎏金的羊灯，造型和体量均与之相当。由此可以推测，此类灯具经过了严格的设计和规定，仅限于诸侯王一级使用。东汉李尤曾作《金羊灯铭》云："贤哲勉务，唯日不足。金羊载曜，作明以续。"可见，时人将金羊和太阳联系在一起，用金羊之光来映射贤者的勤政与德行。除了象征太阳与光明，羊还有吉祥之义，汉代铜镜上时常出现"大吉羊"之类的铭文。以羊作为灯具的造型，在体现汉代人阴阳观念的同时，也体现了他们面向现实的吉祥观念。

文献所载汉代动物造型铜灯中，还有一类是"铜驼头灯"，其使用同样有着身份限定。这种灯具虽然未见实物，

陕西凤翔出土鎏金青铜羊灯

但战国时期的灯具中便出现过骆驼的形象。湖北江陵望山2号楚墓曾出土过一件骑驼人形灯，在方形底座上立有一只双峰骆驼，驼峰上骑着一人，双手捧一圆筒，内插灯柱，顶端为圆形灯盘。灯体通高19.2厘米，口径8.9厘米。骆驼无疑是丝绸之路上商旅往来的依靠，荆楚之地远离丝路，能够享有此等舶来之造型，墓主身份自然可见一斑。在两汉诸侯王墓中，还出现过鹿灯、牛灯。例如，江苏盱眙大云山江都王陵中出土了鎏金青铜鹿形灯，以鹿嘴上扬托举灯盘。又如，江苏邗江东汉刘荆墓中出土了青铜错银牛形釭灯，牛四足岿然

汉代诸侯王陵出土鹿灯与牛灯

左图：江苏盱眙大云山江都王陵出土鎏金青铜鹿灯
右图：江苏邗江东汉刘荆墓出土青铜错银牛灯

于地，背负银釭。

除了动物造型的灯具之外，战国秦汉时期的金属灯具还经常使用人物造型，前文所说的长信宫灯便是最为家喻户晓的例子。以人物作为器物装饰的造型母题，从新石器时代便开始出现。早期文明中，这些人物的形象虽然来自现实生活中的人，但其身份却往往具有某种神性，代表着超越生活日常的领域。商代器物装饰中的人物造型，往往代表了“巫”的形象，塑造的是人与神的使者与媒介。在灯具中，最早使用人物造型的见于山西翼城大河口西周霸国墓地出土的青铜人形灯，其中的人物跽坐于地，上身袒露，头顶火盆，显然不是常人。同出的青铜器多为祭祀礼器，由此可以推测这件灯具即为祭祀所用“明烛”。

山西翼城大河口西周墓地出土青铜人形灯

战国秦汉时期，灯具上的人物形象表现出两种不同的发展路径，一种是朝着日常的方向发展，在灯具上塑造侍者的形象。另一种则是朝着超越日常的方向发展，在灯具上塑造羽人或神仙异兽的形象。前者除了像长信宫灯这样的釭灯外，多为跽坐的侍者手持灯檠的柱形灯。例如，湖北荆门包山2号楚墓出土过一对人擎灯，灯体由灯盘、灯柱和跽坐的铜人组成，高16.3厘米。铜人头梳高髻，身着右衽深衣。灯盘口径8.6厘米，外壁有两道凸棱，盘中置锥形火炷。战国秦汉时期的铜灯表面除了会以鎏金形式装饰，有时也会以髹漆方式进行彩绘。河南三门峡上村岭战国墓中曾出土过一件漆绘铜质人形灯，人

战国秦汉时期金属灯具中的人物造型

左图：河南三门峡上村岭战国墓出土漆绘铜质人形灯
中图：河北平山汉墓出土银质人形灯
右图：湖南长沙征集东汉人形铜吊灯

物跽坐于地，头梳偏髻，束冠戴簪，身着长袍，袍间有象征身份标识的带钩。人物双手捧叉形灯柱，柱顶有环形灯盘。这件灯具通高达48.9厘米，很可能是供殿庭内照明之用。战国秦汉时期，人们一方面着意写实，另一方面受到巫傩、方术和神仙思想的影响，以物质文化的形式营造出一个想象的世界。在各种器物之上，神仙异兽的形象代表了时人对升仙的渴望，羽人形象则充当了人间与仙山之间的桥梁，上文中的羽人铜座灯即此类代表。还有的灯将人物与动物结合起来进行设计，例如，河北平山出土过一件银质人形灯，灯体由人俑座、蟠螭杯与灯盘组成。人俑身着右衽宽袖长袍，右手持灯杆，灯杆上装饰蟠螭戏猴，顶部为高灯；左手握蟠螭，蟠螭顶部托着另一灯盘，灯具整体设计极具想象力。

东汉以降，随着丝绸之路的拓展与边疆地区的开发，非华夏衣冠的人物形象也逐渐出现在器物造型中，这在灯具设计方面也有所体现。同时，在传统的柱形灯、多枝灯与釭灯之外，也出现了更多的灯具类型。例如，湖南长沙曾征集到一件东汉时期的人形铜吊灯，以三条环链系于铜质裸人的双肩与臀部，裸人头扎发髻，腰间束带，双手捧圆形灯盘，盘中放置火炷。环链另一端系于圆盖之上，盖顶立一只凤鸟。人物的造型和衣着均非华夏传统，所描绘的很可能便是当时中国南方的山地人的形象。除了荆楚山地，在两汉至魏晋的岭南地区，还曾出土过为数可观的陶质灯具，其中频繁出现类似的人物形象，表现出与秦汉帝国核心区迥异的文化特征。有研究者通过对此类灯具进行归纳，提出这些形象的塑造源于汉晋时期华夏本位观念

汉代岭南陶质灯具中的异族形象

左一：广西贵县高中工地 14 号墓出土东汉胡人陶灯
左二：广州农林下路 6 号墓出土西汉胡人陶灯
左三：广州河南晓港新村刘王殿出土西汉胡人陶灯
右一：广州内环恒福路 10 号墓出土东汉胡人陶灯

形成过程中，对于他者的认识和塑造。

从战国至秦汉，中国历史经历了一次大的跃迁。政治层面的大一统、社会和文化层面的全面整合、民族与对外关系层面的碰撞与交融、思想观念层面对前代的全面吸纳和总结，这些都在这一时期的金属灯具上有所体现。灯具的材料、功能与造型均呈现出显著的时代性特点，金涂银釭、华铜烛暖，金属材质与华丽的装饰技艺映射着宫廷生活的奢华；观象制器，以形写神，灯具上丰富的动物和人物造型，则寄托着人们对日常的理解和对超越日常的愿望。

百枝同树映连盘：汉晋时期的多枝灯

华灯与神树

战国秦汉时期的灯具，以釭灯最具时代特点。其造型取象于动物与人物，体现设计者奇思妙想的同时，也融入了时人对于自然生态与人伦秩序的观念。这一时期开始出现的另一类灯具，则以植物为造型母题，以现实和神话中的各种形象为装饰元素，这就是多枝灯。多枝灯又名“百华灯”，流行于两汉至魏晋时期。这种灯具取象于树木花草，当百千灯火掩映其间，一种自然的肃穆感与悦动的生机也在灯火间交相辉映。西晋孙惠《百枝灯赋》中有“晔若云停，烂已星布”之语，以浩瀚的夜空为背景，彰显出多枝灯的璀璨与绚

三星堆2号祭祀坑出土青铜神树，左为局部图

烂。仰观天文，俯察万物，熠熠生辉的灯树在黑暗中所照亮的，不仅仅是有限生命之外的无垠宇宙，也是殿庭上笙歌管弦之中的人间秩序。

以树为造型的器物，在中国最早见于商周时期。四川广汉三星堆遗址2号祭祀坑曾出土过一件通高近4米的青铜神树。神树由龙形树座和树身及树枝三部分组成，树枝共三层，每层出三枝。树枝下是象征太阳的镂空圆环，枝头上是绽放的花朵，其中树枝拱顶的花朵中均有昂首的凤鸟站立其上。关于其象征的内涵，学界众说纷纭，但其用于特殊的祭祀场合是毋庸置疑的。巴蜀地区用于祭祀的神树，至战国秦汉时期与神仙思想、阴阳观念相结合，形成了当地墓葬文化中的重要组成部分——摇钱树。摇钱树多为青铜材质，树枝上挂有圆形方孔钱，枝干周围则常以西王母、羽人、熊、猿猴等形象装饰。这种以树为造型的明器，具有祈求丰产、追求富贵、祈愿升仙、保佑多子等丰富的内涵。

四川广汉万福镇出土东汉青铜摇钱树，右图为部分构件

以树为造型的灯具，要晚至战国时期才在中原地区出现，但它很快便作为一种时代风尚在社会上层流行开来。到了汉代，多枝灯成为宫廷皇室与诸侯王在宴飨活动中必不可少的器物。在文献中，关于多枝灯的记载常见于汉晋笔记小说之中。例如，《西京杂记》卷二载：

> 高祖初入咸阳宫，周行府库，金玉珍宝，不可称言。其尤惊异者，有青玉五枝灯，高七尺五寸，作蟠螭，以口衔灯。灯燃则鳞甲皆动，焕炳若列星而盈室焉。

秦宫精巧奇物何其之多，但有一件玉质的五枝灯却被着重提及，可见此类灯具远非寻常之物。另外，又据《西京杂记》卷一记载，西汉时期赵飞燕被成帝册封为皇后时，她的妹妹进献衣物日用共三十五种，其中就包括一件七枝灯。除了五枝灯与七枝灯之外，考古出土的多枝灯还有九枝、十二枝、十三枝、二十九枝等。像汉代的金属灯具一样，多枝灯的使用者多为宫廷皇室和诸侯王，而在当时的墓葬中，作为随葬品的多枝灯甚至可以用来标识等级与身份。

多枝灯的材质有铜质、陶瓷质与木质三类。铜质多枝灯多见于战国至西汉时期，东汉时期的多枝灯以釉陶和彩绘陶为主，魏晋时期则出现了瓷质的多枝灯。从战国到魏晋，多枝灯的造型也呈现出明显的时代差别。河北平山县中山国君墓出土过一件鎏金铜质十五枝灯，灯树高达82.9厘米，由

战国至西汉时期的鎏金青铜多枝灯

左图：河北平山县中山国君墓出土战国时期十五枝灯
右图：广西罗泊湾 1 号墓出土西汉时期十枝灯

灯座和七级灯架组成，各部分以榫卯相连。灯座为双首衔环的猛虎造型，上托圆盘，盘上站立两位家奴。小鸟栖息于枝头，群猴嬉戏于灯枝之间，主体灯柱上有一条神龙向上盘旋。相比之下，广西罗泊湾1号墓出土的一件西汉时期的十枝灯，在装饰上则更为简洁洗练。灯树通体鎏金，高85厘米。在瓶形底座上有三层树枝，每层三枝，层层交错，枝头托桃形灯盘，盘中有火炷。灯树顶端为一伸展双翅的鸟形灯盘。这件十枝灯造型虽然简单，却有着更为丰富的意涵。《山海经·海外东经》云：“汤谷上有扶桑，十日所浴，在黑齿北。居水中，有大木，九日居下枝，一日居上枝。”《玄中记》里则记载：“蓬莱之东，岱舆之间，有扶桑之树，树高万丈。树巅常有天鸡，为巢于上。每夜至子时则天鸡鸣，而日中阳乌应之。阳乌鸣，则天下之鸡皆鸣。”位于灯树顶端的鸟自是象征着太阳，剩下的九枝灯火与其合为一处，便是扶桑树的写照。

阴阳观念与神仙思想对汉代的艺术造型产生了深远影响，多枝灯以树象形，华灯与神树构成了一个合而为一的整体。战国以降，昆仑山与蓬莱仙境就被人们认为是分居东西的神仙之所，其中昆仑山作为联结天地之轴，更有通往神仙世界的天门。西汉中期以后，西王母逐渐成为昆仑仙界中掌管长生之术的主神。因此，从这时开始至魏晋时期，墓葬中大量出现西王母与升仙题材的装饰样式。河南洛阳涧西七里河东汉墓中出土过一件陶质多枝灯，高达92厘米。该灯通体彩绘，完整描绘了昆仑仙境的种种景观。灯座为山峦造型，其上遍布百兽。峰峦之上则为灯树，枝头灯盏上有火焰花饰，枝间则有羽人、飞龙、卧蝉等作为升仙路途上的向导，树顶则为鸟形灯盘。

东汉至魏晋时期的铜质多枝灯，往往与前文提到的摇钱树在装饰形式上相互融合。这种融合现象常出现于巴蜀地

河南洛阳涧西七里河东汉墓出土陶质多枝灯

区与中原地区的交界地带，具体表现则为西王母、羽人、方士以及与升仙主题有关的珍禽异兽频繁出现于灯树之上。例如，甘肃武威的雷台张氏墓曾出土一座大型铜质多枝灯，灯体通高达146厘米。树干分为三层，每层伸出十字形树枝四条，树枝上是镂空的卷草纹饰片，枝头为灯盘。在树干顶端有一位骑鹿仙人，双手托举灯盘。这座墓葬过去长期被认为是东汉墓，近些年有学者通过墓葬形制、随葬品组合以及出土印章考证，认为该墓的年代可能要晚至前凉时期，墓主可能是张轨。但无论其具体年代究竟如何，这至少可以说明，东汉时期的神仙信仰在魏晋时期仍有影响。假托班固之名、实则可能成书于魏晋时期的笔记小说《汉武内传》中记载："七月七日，乃扫除宫掖之内，张云锦之帷，燃九光微灯。夜二唱后，西王母驾五色之班龙上殿。"文中的"九光微灯"便是九枝灯，从中可知，多枝灯的使用往往与西王母和昆仑信仰联系在一起。从该书的成书年代看，文中记述反映

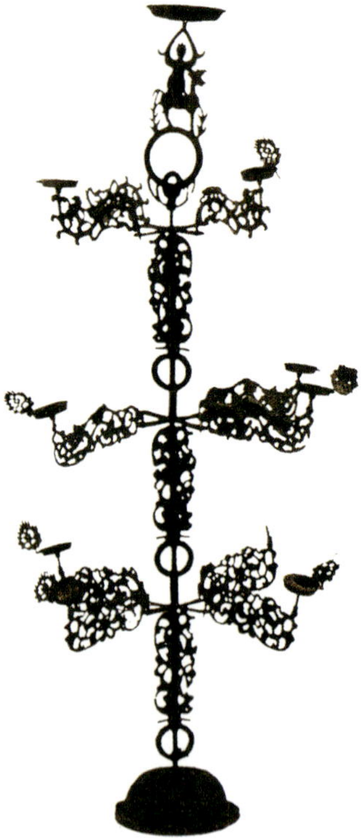

甘肃武威雷台墓出土青铜多枝灯

的当是魏晋时期人们的认识。不过，西汉武帝时期的司马相如《大人赋》有云："低回阴山翔以纡曲兮，吾乃今目睹西王母矐然白首。载胜而穴处兮，亦幸有三足乌为之使。必长生若此而不死兮，虽济万世不足以喜。"他在描绘汉武帝追求长生时便提到了西王母和三足乌，可见从两汉至魏晋，神仙思想逐渐从神话故事演变为一种时代风尚，进而影响到多枝灯的装饰样式中。

从神树到华灯，从观念到造型，多枝灯的形成基于人们对于自然世界的细致观察，同时也伴随着人们对终极彼岸的无穷想象。树是沟通天人关系的媒介，当它与照亮夜幕的灯火融为一体时，也渐渐融入了人们对于生死的思索以及对现实世界的写照。这时，多枝灯就不只是简单的照明器具，它既为现实世界带来了光明，也把人们死后的世界照亮。

宴飨、朝会与丧葬礼俗

作为战国至魏晋时期体量最大的灯具，多枝灯不仅广泛应用于宫廷仪式中，还常出现在墓葬空间的核心位置上。如果说宴飨与朝会是通过仪式将不同身份的人群汇聚于一堂，那么墓葬在为死者营造死后世界的同时，也将生死两个世界的人们联结于一处。无论是生前还是死后，不同场合下的多枝灯都映射出人们对于树与火的理解。

宴飨是中国古代通伦理、正交接的重要礼仪活动，在乐舞相随、觥筹交错之中，不同的群体欢聚一堂，在灯火熠熠之间实现长幼有序、尊卑有道、欢乐和谐。宴飨活动的背后是不同的礼仪场合，从东汉至魏晋，中国传统礼仪在《周礼》的框架下，逐渐形成了“五礼”之制，即吉礼、嘉礼、宾礼、凶礼与军礼。不同的礼仪场合都可能会涉及宴飨活动，而多枝灯在宴飨活动中往往扮演着重要的角色。《汉书·礼乐志》引用《安世房中歌》云：“大孝备矣，休德昭清。高张四悬，乐充宫庭。芬树羽林，云景杳冥，金支秀华，庶旄翠旌。”其中“金支秀华”所描绘的便是多枝灯的照明效果。《安世房中歌》是在周、秦房中歌的基础上发展而来的一种音乐形式，主要用于歌颂后妃之德。在使用场合上它既可以用于祭祀，也可以用于宴飨。歌词中乐悬高张、百灯照殿的盛况，便是对后妃德行的彰显。南朝萧梁时期，作为昭明太子萧统的文学侍从，王筠参与了无数宫廷中的雅集与宴会，他有《咏灯擎》云：“百华耀九枝，鸣鹤映冰池。朱光本内照，丹花复外垂。流辉悦嘉客，翻影泣生离。自销良不悔，明白愿君知。”殿堂上的九枝灯照映着庭下的冰池，悦动的流光与灯影之下，是诗人和宾客各不相同的悲欢。

汉魏时期的宫廷仪式中，最重要的当属正会礼。即在每年的正旦，由皇帝主持受贺仪式，王公大臣们分别敬献贺礼后，共同参加宴飨活动。曹操建都邺城后，其正会仪注沿用东汉，但明确规定仪式中要使用“百华灯”（《晋书·礼志》），即我们前文所说的多枝灯。隋代杜台卿在《玉烛宝典》中，引用了曹魏时期王朗关于正会仪式使用多枝灯的奏对："故事：正月朝贺，殿下设两百华灯树二阶之间。端门之内则设庭燎火炬，端门之外则设五尺高灯。星曜月照，虽宵犹昼。"在其奏对中，他将西周以来形成的庭燎、大烛之制，与战国秦汉时期用于殿庭宴飨的多枝灯相结合，并将其同时纳入正会仪式中。这种在朝会中将庭燎与百华灯树并设的做法，一直影响到两晋时期。西晋傅玄《朝会赋》中有"华灯若乎火树，炽百枝之煌煌"之言，正是对当时正会所用多枝灯的生动描绘。除此之外，傅玄还有《庭燎》诗云："元正始朝亨，万国执珪璋。枝灯若火树，庭燎继天光。"这里一方面点明了元正之会时万国来朝的主旨，另一方面也描绘了多枝灯与庭燎并设的辉煌情景。如果说其诗赋中的"百枝煌煌"之言或许是一种夸张的修辞，那么《邺中记》中则明确记载了后赵石虎在正旦元会时曾陈设"百二十枝灯"。目前考古发现的多枝灯，最多也不到三十枝，百枝之灯究竟是何等体量无从知晓。不过从中可以推想，殿前阶下的百枝千花在灯火的映射下，无疑彰显出现实中的秩序。

隋唐以降，多枝灯已经不再是正会仪式所必需，其使用不再受到场合的限制，其功能也由特定的仪式之用转变为节日观赏之用。五代王仁裕《开元天宝遗事》载："韩国夫人置百枝灯树，高八十尺，竖之高山。元夜点之，百里皆见，光明夺月色也。"这座上元灯会上的百枝灯，相较于正会仪式所用的多枝灯显然不会逊色，但它已然没有先前的那些礼制内涵，仅仅是作为观赏用灯，在营造节日氛围的同时，也给人带来视觉上的震撼。

汉晋时期的多枝灯不仅是普通的照明灯具，更有着深刻的礼仪功能，这既反映在宫廷仪式之中，也反映在墓葬礼俗之中。目前考古发现的多枝灯基本出土于墓葬之中，这些墓葬中的多枝灯，不仅是墓主人身份等级的标识，同时在不同历史时期内也有着不同的内涵。

两汉时期升仙观念的盛行，深刻影响着多枝灯的装饰形式。考古学家在河南济源的桐花沟墓地发掘清理了100余座战国秦汉时期的墓葬，其中规模最大的10号墓，年代大约在东汉时期。墓中出土了一座高达110厘米的彩绘陶质多枝灯，灯体以红、白、黑、褐等颜色彩绘，共分为三层，自下而上由博山形底座与两个喇叭形承盘组成。这三部分由擎柄相连，彼此可拆卸组合，博山形底座上还塑有蜿蜒的河流与奔腾的百兽。在第一个承盘上伸出四个鹤形灯枝和四个龙形灯枝，灯盘中的龟座灯柱上又伸出四个鹤形灯枝，每个灯枝的灯盘上均有花形装饰，灯枝之上则各骑有黑髻羽人。第二个承盘的柱顶上是朱雀展翅状的灯盘，灯盘向各方又伸出13座花蔓状烛台。在灯树主干的顶端是一只凤鸟装饰的灯盘，凤鸟头戴华冠，口含宝珠。全灯共有29个灯枝，是目前发现的多枝灯中灯枝最多的。类似的多枝灯在东汉时期的墓葬中还有很多，这些多枝灯照亮了死者通往仙界的路途，灯上装饰的羽人、神兽则可以引导死者的灵魂进入长生不老的仙界。

河南济源桐花沟10号墓出土陶质多枝灯

魏晋时期，连年的战争与频繁的瘟疫，使人们逐渐看到升仙与不死皆为虚妄。曹操在《龟虽寿》中有“神龟虽寿，犹有竟时；腾蛇乘雾，终为土灰”之句，他认识到神龟腾蛇也难逃一死。建安二十二年（217年）的一场瘟疫夺去了无数人的生命，曹丕在《与王朗书》中也是有“疫疠数起，士人凋落，余独何人，能全其寿”的追问，同样深刻认识到死亡不可避免。曹魏名将郝昭在为其子留下遗言时，更讲到

“吾数发冢取其木以为攻战具，又知厚葬无益于死者也”。残酷的现实使人们意识到，汉代的厚葬之风不仅助长社会不良风气，于死者更无益处，于是曹魏至西晋的统治者自上而下推行薄葬政策。政策的推行固然考虑到现实的利弊，其背后则是当时人们生死观念的转变。在这种背景下，墓葬中随葬多枝灯的做法，作为一种丧葬礼俗得到了延续。然而，此时的多枝灯上已然剔除了与升仙主题有关的装饰元素。例如，甘肃武威旱滩坡魏晋墓中曾出土一座高达125厘米的彩绘木质多枝灯，灯体以白粉敷底，其上用红、灰、墨色彩

魏晋十六国墓葬出土多枝灯

左图：甘肃武威旱滩坡魏晋墓出土木质多枝灯
中图：陕西咸阳底张村 54 号墓出土陶质多枝灯
右图：陕西咸阳坡刘村 2 号墓出土釉陶多枝灯

绘。全灯共有十二枝，其上均镂空雕饰凤鸟。尽管灯盘之上的锥形灯炷被着意表现，但这显然是装饰性的，木材的易燃属性与灯火本身相抵牾，可见这样的多枝灯更多的只是作为符号意义。

永嘉之乱后，晋室南渡，匈奴、鲜卑、羯、氐、羌等族相继入主中原。其墓葬礼俗多在斟酌东汉与西晋的过程中有所损益。十六国时期的关中地区，主要是前赵、前秦与后秦的王畿所在，其高等级墓葬承袭了西晋墓葬随葬陶俑的制度。其中，以鞍马、牛车为中心的出行组合与以宴饮、奏乐为中心的宴飨组合分居墓室两侧，位于其间核心位置的则是多枝灯。陕西咸阳底张村54号墓与坡刘村2号墓年代均在前秦至后秦时期，墓中曾分别出土一件陶七枝灯与一件釉陶十二枝灯，两件多枝灯虽以树为基本造型，但均通体素面，并无更多装饰。这些多枝灯褪去了战国秦汉时期的华丽雕饰，闪烁着其作为礼仪用灯的余光。

不过，多枝灯作为汉魏灯具的代表，不仅因独具匠心的造型为人们所喜好，同时也作为一种文化符号，广为南朝宫廷所歌咏。梁代庾信曾有《灯赋》云：

> 乃有百枝同树，四照连盘。香添然蜜，气杂烧兰。烬长宵久，光青夜寒。秀华掩映，蚖膏照灼。动鳞甲于鲸鱼，焰光芒于鸣鹤。蛾飘则碎花乱下，风起则流星细落。

精致的语言既勾勒出多枝灯的基本造型，也对其照明效果进行了细微刻画。起舞的灯焰照亮了寒夜，而跳动的灯花则在或明或暗间令诗人颔首慨叹。类似的描绘在梁简文帝的《列灯赋》中也有体现：

> 九微间吐，百枝交布。聚类炎洲，迹同大榭。竞红蕊之晨舒，蔑丹萤之昏骛。兰膏馥气，芬炷擎心，寒生色浅，露染光沉。

相比战国秦汉时期的神仙幻境与魏晋时期的殿堂礼仪，这些对多枝灯的吟咏，大多基于现世的感怀和现实的境遇，虽然有些雷同与反复，但毕竟还是多了几分可以感知的关怀。

从神树到华灯，从想象到现实，百枝同树的多枝灯既彰显着使用者的身份等级，同时也寄托了人们对彼岸世界的无限想象，微妙地传达出宫门内外的人情冷暖。随着时代变迁，这种曾经身披礼仪外衣的特殊灯具也逐渐走进民间，为世人所共赏。

翠莲青光舞日月：魏晋南北朝时期的青瓷与石质灯具

材质、技艺与地域文化

魏晋南北朝时期是中国历史上既动荡又绚烂的一个阶段，除西晋短暂统一之外，中原王朝在大部分时间里处于分裂状态。伴随着政治的分裂，社会和人群也在战争、瘟疫等现实的冲击下被打破重组。外来文化与传统文化在冲突中不断融合，礼制与人性在对抗中走向调适。佛教的传入带来了新的观念，同时也带来了新的艺术风尚。这些新的风尚不仅体现在灯具的材质与技艺上，也体现在灯具的造型与纹饰中。南北政权的碰撞往往伴随着人群的迁徙，这也使得区域间的深层交流愈发频繁。基于不同的地域文化，南北方逐渐形成了不同的审美潮流，这种差异在灯具上有着突出的反映。

与战国秦汉时期不同，魏晋南北朝时期最具时代特点的灯具，主要以青瓷灯具为主，这些灯具又集中出现于南方地区。南方地区的制瓷业有悠久的历史传统，早在商周时期，福建戴云山南麓、闽江上游地区及浙江曹娥江流域便出现了大量原始瓷窑址。至东汉时期，在釉陶制造的基础上，出现了工艺更为精湛的青瓷。青瓷的烧成温度、吸水率、气孔率、抗弯程度等方面都较釉陶有了质的飞跃，逐渐开始引领新的时尚潮流。孙吴时期，南方地区的青瓷烧造以会稽为中心。这里不仅有深厚的瓷器烧造传统，同时，秀丽的山水与青瓷叠翠的色泽相得益彰，成为人们超越世俗的精神寄托。宫廷中玉石等奢侈品供应的短缺，在一定程度上刺激了青瓷制品得到上层的青睐，晶莹的质感与如玉石般的色彩，使得青瓷器具备了与玉器等同的审美意义。在此背景下，江南地区社会上层的日常器皿与随葬明器中，青瓷器开始成为主流，青瓷灯具也登上了历史舞台。

东汉以前，照明灯具多以油灯为主，至三国两晋时期，文献中关于蜡烛的记载逐渐增加。蜡烛往往象征着财富，《世说新语》中“石季伦用蜡烛作炊”的记载，常被用以说明世家大族奢侈的日常生活。但另一方面，这也表明除了油灯之外，蜡烛也开始成为社会上层照明的基本用品。安放蜡烛需要有烛台，考古出土的青瓷灯具以烛台为主。这些烛台造型各异，有的可插一根蜡烛，有的则可插数根；有的用于日常照明，有的则在墓葬中作为祭祀用具使用。

相比南方地区，北朝在灯具的使用上存在较为鲜明的时代变化。北魏王朝于太和十八年（494年）由平城（今山西大同）迁都洛阳，成为真正意义上的中原王朝。以此为界，石质灯具与青瓷灯具分别构成了两个时期灯具的主要类型。北魏王朝的建立者是发源自大兴安岭的鲜卑人。鲜卑拓跋部自力微时起，开始由部落联盟向国家转变，并在猗卢统治时期开始形成国家。淝水之战后，道武帝拓跋珪重建代国，并于皇始三年（398年）改国号为“魏”。他将都城从盛乐迁至平城，并以平城为中心开启了北方的统一战争。建都平城的数十年，史家称之为“北魏平城时代”。北魏平城时代的高等级墓葬中，常在墓葬中心位置放置石质灯具，它们承担着丧葬祭祀的功能。对比汉晋时期墓葬则不难发现，这些石质灯具是对早先关中地区墓葬多枝灯的替代。这些灯具有的通体素面，有的则雕刻成各种不同的造型，其雕刻工艺与北魏平城石雕匠人的集聚密切相关。北魏皇室曾在武州山开凿了举世瞩目的云冈石窟，其背后便以深厚的石雕技艺为依托。北魏冯太后永固陵的石雕墓门、平城墓葬中石堂葬具表面的浮雕与线刻，无不与这些石质灯具互为表里。北魏迁都洛阳后，受到南朝物质文化与审美风尚的影响，墓葬中的石灯又转变为特殊造型的青瓷灯具。到了北齐时期，墓葬中不仅有平城时代的石质灯具，也有大型的青瓷灯具，南北方两种文化风尚合而为一。

东晋时期的青瓷烛插

左图：江苏南京老虎山东晋墓出土青瓷羊形烛插
右图：浙江温州双屿出土青瓷牛形烛插

有传承。浙江温州双屿则出土过一件青瓷牛形烛插，灯高13.4厘米，灯柱作直立牛形，四肢上下相叠，灯柱顶端和末端后壁均有弧方形孔以作插烛之用。牛在阴阳五行观念中往往与镇水、镇阴有关，以阳承火的设计，同样是汉代阴阳观念在南北朝时期的延续。

如果说牛形灯具在墓葬中有镇煞阴宅的意味，那么北魏洛阳时代墓葬中随葬蟾蜍造型灯具，则有与之相似的考虑。河南偃师北魏染华墓中曾出土一件青瓷蟾蜍形烛台，烛台通高18.8厘米，底座为一只三足蟾蜍，其背上负烛插，烛插原有五孔，现残存四孔。蟾蜍在中国古代文化中是一种特殊的

河南偃师北魏染华墓出土青瓷蟾蜍烛台

意象，由于其生殖周期与月相有关，自新石器时代以来，就被不同文明赋予了沟通天地与生死的意涵。汉晋时期，受阴阳观念影响，蟾蜍作为阴与水的意象，常与月亮相关联。此外，它也常与西王母的神话联系在一起，被赋予长生不死的引申之义。在墓葬艺术中，无论是墓室壁画、画像石图像还是与丧葬有关的铭旌、非衣之上，都会描绘代表月亮的蟾蜍形象。这一形象也常出现在六朝时期的文房用具中，当时的水滴、笔洗上多以蟾蜍为造型，其使用者往往是家族中信奉天师道的知识精英。作为汉晋时期的主流文化，两汉的阴阳观念依然持续不断地影响着人们的审美意趣。如果说牛形灯具是以阳承火，那么蟾蜍烛台则是以阴负火。作为墓葬祭祀灯具，蟾蜍烛台出现在北魏洛阳时期的墓葬中，揭示出汉晋之风尚对北朝文化的渐染。

南北朝时期的青瓷灯具中，造型最有时代特点的当属胡人骑狮烛台。承袭于两汉时期灯具中的动物造型，孙吴时期青瓷烛台中常塑造辟邪、天禄等神兽形象。过去，此类烛台常被当作水注或插器。在南京江宁上湖孙吴墓中，于后室西南角灯台上便出土了一件辟邪烛台，其上插孔中还插有半截已经氧化成黑褐色的蜡烛，由此可知，此类器物当为烛台无疑。南京地区的孙吴、西晋墓中，类似的青瓷神兽形烛台还有很多，其中有相当数量的烛台以狮子为造型形象。狮子是外来物种，它们在三国两晋时期随着丝绸之路逐渐进入中原，并成为政治、宗教与日常器用中的经典形象。胡人形象飞。这里莲与仙鹤组合，体现的是一种卓尔不群的素雅气质，而作为意象的莲花，在当时的文学作品中，则多用来表现男女之情。《诗经·陈风·泽陂》云："彼泽之陂，有蒲与荷。有美一人，伤如之何。"首开以蒲与荷来比喻男女，寄托彼此的相思之情的先河。以莲花表现女子之美、以涉江采荷寄托男女思恋之情的观念，在汉魏时期一直有所传承。曹植在《洛神赋》中以霞光日出和出水芙蓉形容洛神的绰约气质："远而望之，皎若太阳升朝霞；迫而察之，灼若芙蓉出绿波。"无论是器物装饰还是文学修辞，莲花这一意象都充满了浪漫的气息。

不同文明在其文化中对于莲花都曾有过描绘，同时也赋予莲花意象以不同的意涵。在不同的宗教中，莲花不仅有着特殊的意义，同时，其艺术形象也在文化交流过程中留下了印记。其中，佛教艺术中的莲花形象，深刻影响着魏晋南北朝时期的造型设计与装饰风尚。有研究者指出，在佛教语境下，莲花有"不染"与"光明"二义，前者用以隐喻佛陀的品行与境界，后者则用以表现佛陀度化众生的使命。莲花意象中新意涵在丰富原有艺术形象的同时，也会与在地人群的审美旨趣结合，并作用于器物装饰上，这在南北朝时期的灯具上有着突出表现。

佛教传入中国既有陆上丝绸之路作为纽带，同时还有一条南传之路。魏晋时期，已有佛教僧侣浮海进入孙吴都城，亦有印度高僧经西南山地进入巴蜀地区。早期的佛教艺术因素与汉魏神仙思想相杂糅，融入各种器物的装饰之中。佛风莲花韵在此时与青瓷器的温润恬淡相结合，同时莲花“不染”的内涵也迎合了社会上层的审美品位，莲花造型在青瓷灯具中也流行开来。福建闽侯南朝墓中出土过一件青瓷莲花灯，灯高21.2厘米。在圆形底座上为一八角形灯柱，柱身下半部两侧分别塑出三瓣将要绽放的莲花，柱顶则在花瓣之间站立着一座小型的佛像，佛像两侧则为插放蜡烛的圆孔。在北方的石质灯具上，莲花同样是重要的装饰题材。北魏平城墓葬中曾出土一件莲花石灯，石灯通高24厘米，青灰色砂岩质地。灯座分为上下两层，底部为方形素面，其上为覆盆式

南北朝时期的莲花灯

左图：福建闽侯南朝墓出土青瓷莲花灯
中图：山西大同出土北魏莲花石灯
右图：山西太原北齐娄睿墓出土青瓷莲花灯

座，表面一圈雕刻莲瓣纹。灯柄呈圆柱形，以联珠圈分为上下两部分，下层为四个托举力士，上层则以四棵树相间，分别雕刻回首的狮子、捧钵人物以及两组猿猴。灯柱顶端即为灯盏，表面一周雕刻莲瓣纹。几组人物与动物均与佛教因缘故事有关，灯盏与灯座上的莲花纹饰同样受到北魏佛教之风的影响，体现着莲花高洁的内涵。

学者王云指出，除了"不染"的意涵外，莲花"光明"的意涵源自古埃及，经波斯传入印度，这种光明之义中，还包含着死而复生的复活观念。光明之义进入中国后，虽然在南北朝以降的文学中逐渐式微，但是在灯具上塑造莲花，将灯火与莲花相关联，恰恰体现了其象征光明的意涵。墓葬中随葬莲花装饰的灯具，与莲花在宗教语境下"死而复生"的生死观念相一致。北魏分裂后，东魏、北齐延续了北魏的文化传统，同时南方的青瓷在这时也作为一种时尚在北方的社会上层风靡一时，此前北魏平城时代的石质莲花灯，也随即被大型青瓷莲花灯所替代。山西太原北齐娄睿墓中出土过一件大型青瓷莲花灯，通高达50.2厘米。灯的底座和灯柄相连，灯盏则另制。在底座和灯盏上，以贴塑工艺分别塑造一组莲瓣和忍冬纹饰。与莲花相应的，忍冬装饰同样是北朝以来随着佛教艺术兴盛而流行开来的一类植物纹样。伴随着佛光与莲韵，北朝前期来自代北与江南的两种灯具传统也走向了合流，石灯的基本造型与青瓷的工艺技术相结合，在熠熠的青光之下，将莲花多重的意涵徐徐绽放。

胡乐西来

秦汉以降，沿着丝绸之路进入华夏的不仅有宗教，还涉及日常生活的方方面面，这些在汉魏时期形成了一股自上而下的潮流，为时人所竞逐。《后汉书・五行志一》载：“灵帝好胡服、胡帐、胡床、胡坐、胡饭、胡空侯、胡笛、胡舞，京都贵戚皆竞为之。”社会上层所好者，不仅包括日常起居的衣食住行，也包括用以精神享受的音乐和舞蹈。中亚和西亚的乐舞虽尚遥不可及，但西域的于阗与龟兹乐舞，已然沿着河西走廊进入中原的皇室之中。各种外来的新奇乐器层出不穷，各种前所未闻的声音奏响了异域世界的景象：清越空灵的箜篌声如雪山上的清泉，清脆明亮的琵琶声如落入玉盘的明珠，婉转悠扬的横吹声应和着丝路上的驼铃，铿锵有力的腰鼓声引领着行路商旅的脚步。新的乐器演奏出风格迥异于华夏传统的乐曲，来自异域的演奏者和舞蹈者则身着华丽的异族服饰，在中原王朝的宫廷中展示着域外世界的风采。

自龙山时代晚期开始，在经历了“满天星斗”的璀璨与“重瓣花朵”的聚合之后，华夏文明开始融合为一个整体，以礼乐为核心的文明特质也开始形成。在黄河流域的陶寺遗址和石峁遗址中，考古学家发现了陶鼓、口簧、石磬、铜铃等早期礼乐器。商代墓葬中出土了成组排列的铜铙，至西周时期，编钟和编磬则已然蔚然大观。以这些礼乐器为基础，华夏文明的礼乐制度初步奠定。两汉时期的宫廷音乐多源自荆楚之声，钟鼓齐鸣、鼓瑟吹笙的奏乐者面前，是细腰长袖的风姿舞者。这些内容不仅在文学作品中有充分的描绘，同时也不断出现在美术作品和考古遗存中。两汉时期的玉器、铜器装饰中常有宴乐和舞蹈题材，而墓室壁画和葬具图像上，更是不乏对此类内容的刻画。

西来之胡乐，起初仅仅是作为舶来之物为人所追慕，但其欢快的节奏与别样的旋律，很快便在社会上层流行开来，进而成为富贵之家的文化符号。当音乐成为一种可视化的符号时，便不可避免地被用于现实秩序的建构。魏晋南北朝时期，伴随着礼乐制度的重建，音乐元素成为物质文化中着意刻画的主题。不仅现实的乐器组合被纳入礼乐制度的框架下，墓葬壁画、葬具图像和陶俑组合中也会对音乐元素进行专门描绘，这些图像化的音乐组合往往与墓主人的身份等级相关联，进而成为墓葬制度的一部分。其中的音乐组合形式，往往呈现出胡乐与华夏传统音乐的交融。由此，胡乐不仅代表了社会风尚与流行文化，更体现着当时的礼仪与制度。

这些充满异域风情的音乐舞蹈，在北魏平城时期的石灯上也有所描绘。例如，山西大同北朝艺术博物馆收藏了一件石灯，底座和灯盏皆为方形，在灯盏下有一圈莲瓣纹，灯盏四面共描绘了八名乐伎、两名舞伎与一名侍者。其中，乐伎均呈交脚坐姿，头戴鲜卑帽，身着袍服，分别演奏华夏传统的排箫、筝以及胡乐传统的五弦琵琶、四弦曲项琵琶、腰鼓、横吹、觱篥与铜钹。舞伎则身披帔帛，双手合十于胸前。这件出土于墓葬中的石灯与佛教有无关联尚不能确定，但是其装饰元素和人物形象充满了佛教色彩。尽管这件石灯没有明确的出土地点，但是类似以音乐舞蹈为装饰形式的石

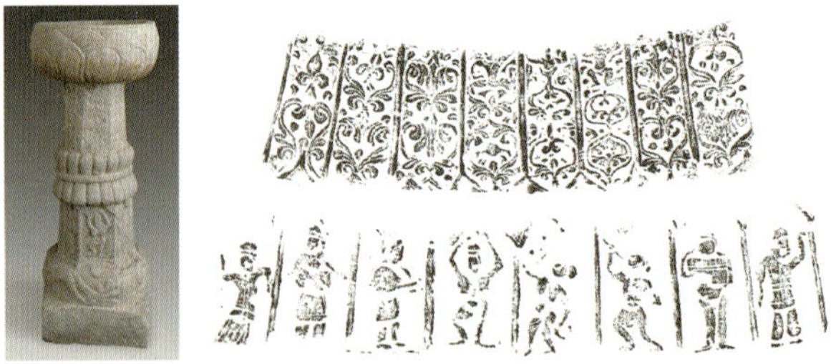

北魏平城墓葬出土伎乐纹石灯

上图：山西大同北朝艺术博物馆藏伎乐纹石灯
下图：山西大同北魏贾宝墓出土伎乐纹石灯

灯，在近些年的考古发现中还有出现。山西大同北魏贾宝墓中也出土了一件石灯，石灯以黄白色砂岩通体圆雕而成，分为灯座、灯柱和灯盏三部分。灯座分为上下两层，下层为方形，上层为圆鼓形，外雕一层盘龙纹。灯盏为钵形，外雕一圈仰莲纹饰。灯柱为八棱形，其中部为一周绳索捆束的高浮雕莲瓣纹。莲瓣之上每面分刻纵向二方连续的环状忍冬纹，其中三面有跳跃的舞者形象。莲瓣之下则以浅浮雕形式分刻身着鲜卑装的乐舞百戏人物共八人，其中舞伎三人；乐伎三人，分别演奏曲项琵琶、腰鼓、排箫；百戏伎两人，分别表演掷剑、跳丸。类似的乐舞百戏场景，在战国秦汉至北魏时期的墓葬壁画、画像石图像中频繁出现，但具体的音乐组合中则融入了胡乐元素，其中人物的鲜卑装更是体现了北魏平城时代戎华兼采的时代风格。在一件冰冷的石质灯具中，不仅有莲花的芳香，还有动听的音乐和炫目的舞蹈，当它的灯芯被点亮时，跳动的灯影也会将视觉、听觉与嗅觉等不同感官融为一体。这时的石灯也不再冰冷，仿佛在幽暗的空间中绽放出温暖的花火来。

南北方的分裂和对峙无法阻挡思想的交流，胡族与华夏的碰撞和冲突也无法中断文化的融合。江南的翠莲青光与代北的佛风乐舞，在石头与瓷土塑造的灯火间，映射着日月的光芒，为那个以纷争和离乱为主旋律的时代带来一抹和谐温暖的亮色。

觥筹烛影乐歌弦：中国古代夜宴中的灯烛

灯台与酒盏

在中国传统文化中，各种礼仪活动都绕不开宴飨。宴飨不仅是日常生活中衣食住行的一个环节，更具备通伦理、正交接的社会意义。在乐舞相随、觥筹交错之中，不同的人群欢聚一堂，在灯火熠熠之间彼此欢乐和谐，由此建立起长幼有序、尊卑有道的伦理秩序。非独华夏，宴飨仪式在其他文明中也有重要的地位和丰富的内涵。不同文明、种族、信仰与文化背景的人们相聚于屋宇帐下，在佳肴美酿与歌舞升平中，达成了个人与群体间的社会交往。这些与宴飨有关的内容在考古遗存中，常常以壁画、雕塑或是器物装饰的形式呈现，既体现了华夏文明的传统，同时也融汇了域外文明的风情。有趣的是，古今中外许多重要的宴飨活动都是在夜间进行，此时的灯烛，既是宴会必不可少的照明用具，同时也成为一种特殊的意象而为人所歌咏。室内的灯火烛影与室外朦胧夜色，一方面为人们营造出别样的欢乐气氛，另一方面也传达出某些欲说还休的意思。

战国秦汉时期的诗词中，有大量关于宴会的描写，其中便涉及灯烛。例如屈原在《楚辞》中即言“娱酒不废沉日夜，兰膏明烛华镫错”，将灯台与酒盏并列一处，用以表现宴飨的奢靡。尽管这一时期的灯具实物频频出现于墓葬中，但在墓室壁画或画像石图像所绘的宴飨场景中，灯具并未被突出表现，其造型装饰也往往较为朴素。这或许说明，在魏晋以前，人们尚未将宴飨与夜晚明确关联起来。

在考古遗存或图像中，宴飨场景中对灯具的明确刻画，出现于北朝后期，且多见于粟特裔石质葬具图像中，宴飨的场面也具有鲜明的异域色彩。陕西西安北周大象元年（579年）安伽墓的墓主人为北周同州萨保（北朝至隋唐时期专门管理胡人聚落的首领），墓中出土一套围屏石榻，围屏表面以浅浮雕形式表现各类生活或仪式场景。其中，正面第三幅描绘了一组宴飨奏乐的场面：主人坐在屋宇下的榻上，手持酒杯，身边环绕乐伎与侍者。在屋殿前的台阶下，以一名胡腾舞者为中心，有五人应和起舞，有的人怀抱酒坛，有的人高举酒瓮。其中，右上角的一人手捧灯台，灯盏上的灯火尚在燃烧。这个不起眼的细节，既暗示了宴会的时间是在夜间，同时也将灯台融入舞蹈的律动中来。伴随节奏跳跃的灯火，席间众人的酒盏交相辉映，将夜宴的欢愉表现得淋漓尽致。从灯的形制来看，舞者手捧的豆形油灯延续了汉代豆形

西安安伽墓围屏石榻所见夜宴图

灯的基本样式，并没有更多华丽的修饰。不过，到了隋唐时期，夜宴舞蹈间的灯台在造型上有了进一步的发展。

唐代冯真素在《灯赋》中云：

> 光逶迤于舞袖，影朦胧于歌扇。丝竹夜响，绮罗春绚；玉阶星列，金缸花遍。至若上客将欢，中樽未阑；吐氤氲于玉宇，流滟溢于金盘。杂行月而浮桂，乘流风而泛兰。瑟韵喧兮逾炳，更筹深兮转寒。

华丽的辞藻既描绘了夜宴中宾客们的推杯换盏，也刻画了筵席前的丝竹音声与舞袖歌扇。值得一提的是，文中描述灯火时提到“玉阶星列，金缸花遍”，这或许并非简单的修辞。

山西太原隋代开皇十二年（592年）的虞弘墓中曾出土一件屋形石椁，这类葬具在北朝至隋唐时期出现较多，其上往往以浮雕或线刻形式表现具有特定主题的画面。像安伽一样，虞弘本人也身负萨保之职，其族属身份与仕宦经历均颇为复杂，其石椁图像兼具波斯与粟特风格。在石椁外壁第五层雕有一幅夜宴图，其中主人坐于华丽的帷帐之下，分别手捧波斯多曲长杯与东罗马式高足杯，身边侍者分别手捧胡瓶、酒盆，榻前舞筵上共有乐伎、舞伎七人。在演奏竖箜篌的乐伎与胡腾舞者之间，有一座花朵状的灯，火焰正从花瓣间熠熠绽放。关于宴会上的胡腾舞表演，唐代刘言史曾在《王中丞宅夜观舞胡腾》中有云：“石国胡儿人见少，蹲舞

山西太原隋代虞弘墓石椁所见夜宴图

尊前急如鸟。”寥寥数言便生动刻画出了宴会上胡腾舞者跃动的身姿。诗中又言“乱腾新毯雪朱毛，傍拂轻花下红烛。酒阑舞罢丝管绝，木槿花西见残月”，红烛残月的掩映下，是夜宴席间的酒意阑珊，所谓的“轻花红烛”在虞弘墓的石椁上，便以花朵状的灯来呈现，灯台与酒盏共同营造出夜宴中别样的感官体验。

不过，夜宴之中也并非都是灯火嫣然的欢乐氛围，或是酒醉酣然的靡靡之相，也有万丈豪情与侠肝义胆。《新唐书·胡证传》中记载过唐代一位名叫胡证的侠士，他虽为文士出身，但酒量奇绝，臂力过人。晋国公裴度在声名未显时，曾身着破旧的衣服出门饮酒，被同桌的武士劝酒诘难，胡证听闻后立刻前去解围，他坐在众人旁大饮三杯，旁人皆大惊失色。正在此时，胡证又取来铁灯檠，摘下灯架上的枝叶后，将灯架横放在膝盖上，并对在座的酒客们说："让我来做酒令吧，谁要是不喝，我就拿这铁灯架打他！"言罢，自己先喝了好几升，随后便将酒杯传给其他酒客。在座的酒客左推右搡也未能饮尽。正当胡证举起灯架要打，先前为难裴度的武士们连忙道歉。胡证将他们逐出酒肆，世人由此称赞胡证为人侠气。文中所记灯台本为酒宴之中的照明器具，却被胡证当作路见不平的搏击之器。此时，灯台之外那昏暗的灯影与醉人的酒气，化作了凛然的侠义豪情，用另一种方式照亮了宴席间那些暗淡的角落。

烛影与暗香

当夜幕降临，华美的灯烛逐次点燃，夜宴的帷幕徐徐拉起，人们在烛影与歌弦间徜徉，其间有数不清的往事，也有道不完的情思。灯火照亮殿庭的同时，既将人影映于朱墙，又为绮丽的帷幔洒下暗香。南北朝时期，萧梁宫廷中一度盛行宫体诗，夜宴中的灯光与烛影，也成为皇帝与宫廷文人们歌咏的对象。萧梁宫廷诗人庾肩吾《烛影诗》有云："重焰垂花比芳树，风吹水动俱难住。春枝拂岸影上来，还杯绕客光中度。"夜宴席间百华灯火与春风流水间的柳枝相映成趣，宾客手持酒盏往来行走其间，被诗人敏锐地描绘出来。庾信是庾肩吾之子，出生于萧梁，一度作为昭明太子的侍读，后辗转寓居于北周。他亦曾作《灯赋》云："乃有百枝同树，四照连盘。香添然蜜，气杂烧兰。烬长宵久，光青夜寒。秀华掩映，蚖膏照灼。动鳞甲于鲸鱼，焰光芒于鸣鹤。蛾飘则碎花乱下，风起则流星细落。"从香气、烛焰、燃料、色彩等不同层面，对宴会上的多枝灯进行了细致描绘。相比华服与酒盏而言，夜宴上的灯光与烛影，更能在闪烁不定之间，给人一种对短暂精彩的留恋之情，同时也不经意地流露出一种永恒难驻的怅惘。除了宫廷宴会，魏晋南北朝时期的文人也会相聚一处，以"修禊事"之名欢饮达旦，同时吟诗作赋。萧梁刘孝威在《禊饮嘉乐殿咏曲水中烛影诗》中歌咏了流觞曲水之中的金枝烛影："火浣花心犹未长，金枝密焰已流芳。芙蓉池畔涵停影，桃花水脉引行光。"文人的夜宴少了宫廷中的富丽堂皇，但一觞一咏的诗情在流水间起伏回荡，满枝的烛火与跃动的烛影也为游宴增添了许多自在的灵气与自然的意趣。

我们在前文中提到，"灯"与"烛"在东汉时期出现称谓上的分野。由此开始，油灯在造型和装饰上逐渐简化，而插放蜡烛的烛台则在设计上呈现出多样化的趋势。至南北朝时期，蜡烛的燃料成分与制作工艺也愈发考究，蜡烛本身不仅仅是照明的工具，也作为奢侈品而成为用于外交或国事活动中的重要内容。北魏太武帝拓跋焘在南伐刘宋时，刘义恭便向其进献蜡烛，可见蜡烛的意义在当时已经超出了原有的功能属性。

到了唐代，宫廷中的照明用器已由汉代的多枝油灯转变为烛灯。烛灯不仅在蜡烛燃烧效果上大做文章，而烛台也装饰华丽。隋唐时期的金银器制造工艺取得了空前的发展，这些新的技艺在灯具设计上也有所体现。南北朝时期流行的莲花灯，除了青瓷与石质材料外，还出现了金银制作的莲花造型。以金银材质制作的莲花灯，到了唐代越出佛教仪礼的范畴，更多了几分身份与等级的意义。《新唐书·令狐绹传》载：“绹为翰林承旨。夜对禁中，烛尽，帝以乘舆、金莲华炬送还院。”金莲华炬究竟为何？南宋程大昌《演繁露》有载：“令狐绹赐金莲烛，是以金莲花为台。”显然，所谓“金莲华炬”或“金莲烛”，便是以金银为质地打造的莲花形烛台。脱离了前期的佛教语境，这些莲花造型的灯具未必都与佛教有关，但它们已然成为一种流行的风尚而被上层所接受，并成为用以恩赏的工具。

除了莲花造型的烛台，两汉时期以人物为造型的灯具在唐代宫廷中依然流行。五代王仁裕在《开元天宝遗事》记载："宁王宫中，每夜于帐前罗列木雕矮婢，饰以彩绘，各执华灯，自昏达旦，故目之为灯婢。"以木雕侍女作为烛台置于帐前，与汉代长信宫灯可谓遥相呼应。灯婢所执灯烛又是什么样的呢？《开元天宝遗事》又载："有人献烛百炬，似蜡而腻，似脂而硬，不知何物所造也。每至夜筵，宾妓间坐，酒酣作狂，其烛则昏昏然如物所掩，罢则复明矣，莫测其怪也。"这样的蜡烛从何处献来文中并未明说，但结合前文所述，我们推测制作此种蜡烛的原料很可能是煤炭，燃烧时产生的煤烟影响到了照明，故有昏昏然的感官效果。但在夜宴中，随着宾客酒酣，这种昏然之感也带来了几分欲罢不能的神秘体验。除了"灯婢"，《开元天宝遗事》中还记载了一种"烛奴"："申王亦务奢侈，盖时使之然。每夜中与诸王贵戚聚宴，以龙檀木雕成烛发童子，衣以绿衣袍，系之束带，使执画烛，列立于宴席之侧，目为烛奴。诸宫贵戚之家皆效之。"显然，盛唐宫廷在举行宴飨活动时，已不满足汉魏时期的百花灯树，而更强调对人的塑造与刻画。在夜宴之中，无论是灯婢还是烛奴，都体现了皇室成员对于人的驾驭与掌控，由此彰显皇室的权威。

手捧灯烛的侍者形象还可见于唐代的墓室壁画中。陕西乾县懿德太子墓的后室东壁上有一组夜宴图，其画面共分为两幅，每幅九人，分别手捧乐器或宴会所用的壶盘与酒食。左图左上角的一人手捧托盘，盘上放置一支点燃的蜡烛，暗示了夜宴的主题。同样手捧灯烛的仕女形象还可见于墓葬前室的东西两壁上，两组画面中共有五人手捧灯烛。墓葬的主人是唐中宗长子、懿德太子李重润。李重润生前命运多舛，两立两废，终因卷入立嗣之争而被武则天所杀。李唐反正后，于神龙二年（706年）对其改葬，丧礼极尽哀荣。在如此高规格的墓葬中，蜡烛虽无更多装饰，但想必亦非常人

陕西乾县唐懿德太子墓后室东壁夜宴图

所能获得。唐代诗人郑谷《蜡烛》诗有云："泪滴杯盘何所恨，烬飘兰麝暗和香。"诗人以蜡烛为意象，道出了宫闱之中宫女们的幽怨之情，同时也写出了唐代宫廷所用蜡烛在燃烧时发出的暗香，制作这样的蜡烛必然要用到昂贵的香料。作为宫廷照明的蜡烛，虽然外形简单朴素，却需要更多不易获得的原料，同时也需要特殊的制作工艺才能制成。因此，到了五代至北宋时期，蜡烛更频繁地被当作皇帝的赏赐之物。在宴飨活动中，华丽的灯台与交错的酒盏常以一种直观的视觉冲击，将人们带到夜宴的欢愉氛围中。

夜幕与余光

在宴飨活动中，除了饮酒之外，丝竹乐舞亦必不可少。如果说饮酌拉近了人与人之间的距离，那么音乐和舞蹈则让人们与周围的环境融为一体。在夜宴中，灯烛既发挥着其本身的照明功能，同时也营造出通感的氛围，将视觉、听觉与嗅觉等多重感官汇于一处。晚唐以降的绘画作品中，也有不少表现夜宴主题的，灯烛自然也是画面中不可或缺的一环，这些灯烛未必都造型精致华美，但它们在画面中却有着独特的意义。一方面，这些并不起眼的灯烛标识了画面的具体时间；另一方面，它们照亮夜幕的同时，也将人与人、人与环境之间不可言说的关系微妙地表达出来。

纵观中国古代美术史，涉及"夜宴"主题，最脍炙人口

《韩熙载夜宴图》中的灯烛

的作品当属《韩熙载夜宴图》。这幅作品的原作已不存，在众多摹本中，出现于文献著录的便多达26个版本，传世的画作版本也不下9种。目前学界公认的最早且最接近原作的是故宫博物院收藏的南宋摹本。这幅画卷一共表现了5个场景，描绘了46个人物，每个场景和人物都经过了画家精心的设计，蕴含着诸多隐秘的信息。关于这幅画作的解读有很多，或云画作中的主人公韩熙载以纵情声乐来逃避时局，或云其遭遇猜忌而郁郁寡欢，或云画作展现了五代十国时期贵族的生活日常。这些解释各有依据，皆言之有理。值得我们注意的一个现象是，按照常理，夜宴必应有照明，画作虽为“夜宴图”，但整个画面中的灯具却是稀缺之物。画卷各场景中，只有一座灯檠出现在第二场景和第三场景之间，而且灯檠的造型装饰颇为朴素。这座并不引人注目的灯檠，除了标识画作主题与画作中事件发生的时间外，其在画面中的位置，也颇令人玩味。

在第二场景中，众人观赏了王屋山翩跹起舞的风姿，韩熙载本人亦亲自击鼓伴奏。第三场景表现的则是夜宴场间韩熙载与四名舞伎休息沃盥的画面。在画面中，韩熙载坐于榻上，王屋山捧盆供其盥洗，其余四人在榻上绕围屏环坐一周。灯檠立于韩熙载目光所及的正前方，三足支架，上有托盘，插上蜡烛后通高约与一人平齐。此时，蜡烛燃烧尚未过半，暗示着上半场的表演才刚刚进入正题。灯檠的位置恰好是一种过渡，在其右侧有两位女子，一位手捧酒盏托盘，一位肩扛琵琶，手持横吹、觱篥，像是刚从前一场景走出，又像是正在奔赴下一场景而去。在二人身后是一座系着红色帷幔的围屏木榻，榻上被子拱起，似有人藏于其间。宴会之上虽然不见灯火，但众人表情历历在目；此处虽然烛光熠熠，但榻上的人形却包裹于被子之中。这种前后的联结与明暗的反差，既给我们带来许多难解的追问，又向我们传递出灯具在夜宴活动中的另一种意味：灯具可以照亮人们的面孔，但未必能照亮每个人的内心世界。在许多历史场景中，真相固然存在，但未必都是以我们熟悉或惯常接受的方式呈现。这座灯檠既点亮了表演背后的夜色，同时也隐藏了历史真相的余光。

画作的第三场景和第四场景之间由一面侧放的屏风作为隔断，屏风通体素面，并未进行任何装饰，仿佛一切人为的修饰都在灯烛的映照下隐去。尽管画作在每个场景之间都使用了屏风作为分隔，但是每一处或是通过人物服饰的关联，或是通过人物彼此间的互动，将不同场景又联结起来。从灯檠的自然过渡到素面屏风的生硬间隔，或许只有休憩沐手的这个环节，才若隐若现地透露出韩熙载真实而放松的一面。夜宴中的灯烛所照亮的，往往是矫饰虚伪的声色犬马，而《韩熙载夜宴图》中的灯烛，照亮的则是主人公真实而又纠结的现实处境，以及画家对于人性的同情之理解。

《韩熙载夜宴图》中的灯烛隐晦地透露出，五代十国时期的社会精英在政治旋涡中一方面充满焦虑，另一方面又在现实中保持自适的心境。同样是在家中夜宴，明清时期的《太平乐事图》册页则表现出另一种生活面相。这套图册现收藏于台北“故宫博物院”，题为明代画家戴进所绘，实为明清时期浙派画家仿绘之作。图册共十开，主题依序为“婴戏”“骑牛”“捕鱼”“娱乐”“戏耍”“试射”“耕罢”“观戏”“木马”“牧归”。尽管其功能是供皇帝御览，并宣扬盛世太平、百姓安居乐业，但其具体内容也展现出明清社会不同阶层的生活场景。其中，“观戏”一页展现了主家于家中宴请宾客观看木偶戏的场面。北宋以降，随着市民阶层的兴起与民间艺术的发展，勾栏瓦舍间的曲艺也得到了空前的发展。其中，观看傀儡戏和木偶戏逐渐成为老少

《太平乐事图》"观戏"中的灯烛

咸宜、雅俗共赏的娱乐活动，表演木偶戏或傀儡戏的艺人有时也会被请到家中为宴会助兴。到了明清时期，在家中夜宴观戏不仅是人们喜闻乐见的活动，也逐渐成为观察民间是否安定和乐的一种考量和标准。

在图册的“观戏”一页中，宴会是在主家的客厅中进行的。整个画面采用了宾客的观察视角，右侧是表演的戏台，我们不仅能够看到台前的木偶傀儡，也能看到幕后艺人的丰富表情。画面左侧和上部是两张餐桌，由于两张餐桌上均设有烛台，我们可以推测宴会是在夜间进行。两座烛台形制相同，均是三足支架，在握柄之上为盛放蜡烛的灯盘，灯盘正中为第二层灯柱，蜡烛插于第二层灯柱的顶端。两支蜡烛均燃烧过半，由此可知表演刚开始不久。烛台周围除了摆放菜肴和酒具，还有焚香的香炉，与之对照，蜡烛的烛火则显得很高，而所有的人物也都是围绕烛火来描绘的。席上有男子四人，或戴浩然巾，或戴东坡帽，均身着长袍，面庞蓄须，是典型的明代士人形象。画面上端一桌上，左边一人正在聚精会神地观戏，旁边一人似乎对观戏并无兴趣，目光朝向画面左端一桌上的另一人，对面之人仿佛已然会意，二人正在隔空交流。而左端一桌上右边的人物则仰头认真观戏。饭菜和好戏都是一样的，但桌子将不同的人分隔开来，又在烛火的映照下生动地呈现出来。夜宴上的烛火在点亮夜幕的同时，照亮了不同人的喜好与心态。

相比之下，正在端茶倒酒的侍者和围坐于灯烛下的孩童，则对木偶戏本身更感兴趣。侍者身在远离烛火的一侧，虽然手中端着杯盘，但其目光早已被舞台所吸引。如果我们有过类似的体验，可以想象出侍者正身处烛火照不到的阴影中，作为夜宴中的局外人，却真正地融入了宴会之中。三位孩童中有两位勾肩搭背坐在灯烛下的地板上，指着舞台有说有笑；还有一位站立在舞台旁靠近灯烛的一侧，静静地看着戏台上的表演。很显然，这是全画面最亮的地方，灯火照亮餐桌和舞台的同时，也照亮了孩童们天真无邪的面庞。画面中不仅有年龄和身份各不相同的人，也有动物。在餐桌和舞台中部较空的位置，有一只小狮子狗。有趣的是，它并不在意舞台上的表演，也不在意谈话中的观众，它回首望向高高竖立的蜡烛顶端，那跳动的烛火才是最吸引它的。这幅图虽然只描绘了一个很小的场景，但将夜宴中围绕在灯烛左右的人与动物表现得充满生命力。

灯台与酒盏，烛影与暗香，夜幕与余光，这些都是中国古代夜宴中的点点片段。同样是夜宴，其中的灯烛可以是身份和财富的宣示，可以隐晦地表现画面主人公和绘画者欲言又止的心理诉求，也可以在营造并烘托宴会气氛的同时，更真实地表现出不同人的个性选择。就像“观戏”这幅画里，当蜡烛渐渐燃尽，在那余光之中，也许有表演者的疲惫与欣慰，也许有谈话者的客套与礼数，也许有孩童们的恋恋不舍，也许有侍者们的遗憾叹惋，也许还有小动物们奔向夜色的啼叫。

的塑造体现着时人对域外世界的想象，将胡人与狮子形象相结合，并融入墓葬祭祀的灯具之中，既是大胆的创造，也昭示了魏晋时期的时代之风。山东临沂洗砚池西晋墓中便出土过一件胡人骑狮烛台，高27.1厘米，长20.5厘米。烛台整体上分为两部分，灯座为狮子形象，其上则为手持便面、头戴胡帽、满面虬髯的胡人形象。此类烛台在墓葬中具有特殊功能，作为丧葬祭祀用具的组成部分，此类灯具往往与招魂有关，在祈求墓主人灵魂归来的同时，传达着庇佑子孙的意义。

相比江南，代北地区在战国秦汉时期便深受北方草原民族特别是匈奴文化的影响，至魏晋时期，鲜卑文化与匈奴文

魏晋南北朝时期灯具中的狮虎形象

左图：山东临沂洗砚池西晋墓出土胡人骑狮烛台

右图：山西大同出土北魏虎纹石灯

化在这一地区内有所承接转变，但其装饰艺术中塑造猛兽的传统则一脉相承。例如，在鄂尔多斯青铜器中，各种牌饰中便大量出现老虎撕咬草食动物的图案与纹饰。在北魏平城时代，这些猛虎的形象也再度出现于灯具中。平城墓葬中曾出土一件虎纹石灯，通高11厘米，灯盏直径10厘米。灯体由整块砂岩雕刻而成，虎立于方形台座之上，首尾盘桓，背托灯盏。石灯雕刻手法洗练，给人以浑然天成之感，体现出草原民族的粗犷之风。

尽管同时沿袭汉晋之风，但江南和代北在灯具的材质、造型上所体现出的地域差异与民族特色，还是让人意犹未尽，回味无穷。

佛光莲韵

战国秦汉时期的物质文化中充斥着对仙境的描绘，自然界中的山川云气都体现了人们对想象世界的勾勒，灯具中的动物造型固然凝聚着阴阳观念和神仙思想，植物造型也被赋予了升仙媒介的意义。在各类器物的造型与装饰纹样中，植物类主题在秦汉以前虽然也有出现，但直到魏晋以降方才成为主流。在植物类造型与纹饰中，莲花装饰出现较早，且贯穿了中国古代物质文化史。早在春秋战国时期，莲花造型即出现在青铜器之上。河南新郑出土的莲鹤方壶，在壶盖顶端，以双层镂雕形式塑造了一圈莲瓣，其中一只仙鹤展翅欲

古刹长明灯轮转：唐宋时期佛寺中的灯台与燃灯

梵灯幢影

中国古代的灯具不仅用于日常起居和礼仪活动之中，同时在宗教场域下也扮演着重要的角色。灯烛属佛教供具（另外还有香、花、果、水等）。“灯”是用于盛放燃灯的灯台，而“烛”则是用于供养的蜡烛，二者象征着光明与智慧，在寺院照明和礼佛仪式中不可或缺，后来也被用于民间祭祀活动中。不过，就像汉文古籍文献中所见的“灯”和“烛”，佛教视域下的“灯”和“烛”也存在不同的发展路径。

湖北江夏龙泉山明墓出土铜五供中的灯烛

两汉时期，灯具主要有豆形灯、造型各异的釭灯以及多枝灯等几类。佛教自东汉时期传入中原，佛教艺术与具有佛教因素的器物装饰也随之渐染。例如云南昭通水富楼坝崖墓中便出土一件佛像造型的陶灯，四川泸州能源大楼汉墓中出土过一件佛像造型的多枝陶灯。此类陶灯虽然饰以佛像装饰，但在墓葬中尚不具备明确的礼佛意义。

我们在前文中提到，北魏平城时代墓葬中的石质莲花灯，在造型与器物组合关系上都与佛教关系密切，应当具备一定的礼佛意涵。至北齐时期，晋阳地区（今山西太原及其周边）墓葬中不仅出现了青瓷莲花灯，有的墓葬还出现了莲花造型的烛台，这些灯烛与香具、花果等组合，形成了相对明确的礼佛供具。中国传统灯具中“灯”和“烛”的分野在东汉时期，佛教视域下“灯”与“烛”的分野则是在北齐。除了墓葬中出现的莲花灯与莲花形烛台，在佛教寺院的建筑组合中，出现了用于燃灯的建筑。这类建筑最早出现于北齐，集中出现于唐宋时期，它们通常为石质，竖立于佛殿之前。其造型通常与后世的经幢类似，因而在文献中存在“炬幢”“石幢”“灯楼”“灯幢”等多种不同的称谓。陈怀宇在对文献和实物题铭系统梳理辨析后，认为这类石灯应称作“灯台”，在唐代初期可与“灯楼”互指，“灯幢”则出现较晚。同时，灯台的出现与燃灯实践密切相关。

由此可知，佛教视域下的“灯”和“烛”，在北齐时期

山西寿阳北齐库狄回洛墓出土金莲烛台

佛教实践中开始出现分离。一方面，北魏时期墓葬中的石灯继续发展，并逐渐为室内供养的烛台和蜡烛所替代，是为供具之中的“烛”。另一类石灯则走向地面，以殿前石质建筑的灯台形式出现，是为供具中的“灯”。关于前者，北齐至隋唐时期礼佛之用的烛台，主要以陶瓷为质地，多以青瓷、白瓷或三彩为主。例如，湖南博物院藏有一件青瓷烛台，从釉色和质地判断应为湘阴窑烧制。烛台高17.4厘米，由上下两个大小不同的灯盘组成，其中下端有覆莲装饰。河南陕州区刘家渠唐墓中则出土过一件白釉烛台，或为巩县窑出品。灯高30.4厘米，灯座为覆莲装饰，与北朝时期的莲花灯相似，但灯盘上塑造出插放蜡烛的插孔，表明其应是烛台而非油灯。在河南洛阳还出土过一件更高大的三彩莲花形烛台，灯高46厘米，灯柱为节状莲茎造型，在灯座、灯柱中部与灯盘处均有莲瓣造型，底座上还以贴塑方式塑造天王和铺首形象。辽代出土的烛台除了陶瓷质地之外还有铜质，内蒙古巴林左旗辽上京遗址中便出土过一件。烛台分为三层，每层均以莲花相隔。最下部为三足底，座基上为花蕾；中部为盘龙造型；顶部仰莲之上为一半跪手捧烛台的童子，反映了更加鲜明的礼佛意趣。

相比烛台而言，地面上经幢造型的灯台则更具时代特点。日本学者常盘大定认为此类石灯现存最早者是山西太原龙山童子寺的北齐石灯。此后的中国学者罗哲文、陈明达、李裕群、刘淑芬、陈怀宇等人，都对此类石质灯台进行了详

隋唐至辽代的莲花烛台

左一：湖南博物院藏隋代青瓷莲花烛台
左二：辽上京遗址出土盘龙柱座莲花童子烛台
左三：河南刘家渠唐墓出土白釉莲花纹烛台
右一：河南洛阳出土三彩莲花烛台

细介绍和系统讨论。这座石灯整体上可分为灯座、灯柱和灯炉三部分，由于风化严重，石灯表面雕刻已被严重侵蚀。灯座可分为三层，自下而上收分明显。灯炉上于一面开小口，可安置灯烛。鉴于其造型特点，此类石灯也常被当代研究者称为“燃灯石塔”，它们在寺院中兼具了日常照明与礼佛供养的双重功能。类似的石灯在中、日、韩唐宋时期的佛寺中

> 洛都天宫寺有秀禅师者，俗姓李，汴州陈留人，习禅精苦。初至荆州，后移此寺，深为武太后所敬礼。玄鉴默识，中若符契。长安中入京，住资圣寺。忽戒禅院弟子灭灯烛，弟子留长明灯，亦令灭之。因说："火灾难测，不可不备。尝有寺家不备火烛，佛殿被灾；又有一寺钟楼遭火，一寺经藏焚爇，殊可痛惜。"寺众不知其意。至夜失火，果焚佛殿钟楼及经藏三所。

弟子在入夜后先后熄灭"灯烛"和"长明灯"，进一步可知二者并非一物。灯烛主要用于室内照明，而室外殿前的灯台即所谓"长明灯"。文中所记也传达出这样一个现实，即寺院中夜间的灯烛与灯台虽然可用于照明，但是出于防范火灾的需要，通常也要在入夜无人后熄灭。

灯有熄灭则有点燃。唐孟棨《本事诗》中记载了这样一个故事，唐考功员外郎宋之问累遭贬黜，于放还途中游灵隐寺。他于月明时分在寺院长廊中行吟道："鹫岭郁岧峣，龙宫锁寂寥。"但冥思苦想，始终难得下联。这时候有一老僧点燃长明灯，坐于禅床之上，问其何故夜久不寐而苦于吟讽。闻其缘由后，老僧回应道："何不云楼观沧海日，门对浙江潮？"在宋之问愕然之时，老僧又续终篇云："桂子月中落，天香云外飘。扪萝登塔远，刳木取泉遥。霜薄花更发，冰轻叶未凋。待入天台路，看余度石桥。"后寺内有僧言，这位重新点燃长明灯的老僧，便是此前兵败逃亡的骆宾王。寺内的长明灯虽然只是叙述成诗前后的一个小小道具，但既营造出了充满禅意的幽深意境，同时也将明月之下老僧那超然自适的形象点亮。然而，佛殿前的长明灯所照亮的不只是禅房草木，更是盛唐时期沉浮于显隐之间的世道和人心。晚唐韦绚《刘宾客嘉话录》中又云：“江宁县寺有晋时长明灯，色变青，不热，隋平陈犹不灭。”其中的长明灯历经百年仍不灭，显然不是实情，其背后更多的是南朝佛寺兴盛长明的寓意。直到今天，寺院的大殿之前还保留着竖立长明灯的传统。

浙江天台国清寺殿前的长明灯

当然，在佛教视域下，长明灯除了夜间照明的实用功能外，还有更丰富的现实意义。《增一阿含经》卷三十八记载，灯光如来在过去世为长老比丘时，每日乞得麻油、灯烛来供养宝藏如来。由于持灯供佛的无上功德，宝藏如来授记他在无量阿僧祇劫后成佛，号曰“灯光如来”。因此，长明灯不仅具有寺院照明的实际功能，同时也是供佛的重要供器。自北朝至唐宋时期，考古所见大量的灯台实物上都刻有供养人的题记，既有礼佛之义，也有祈福之愿。元代《大觉寺长明灯碑记》上，更有“世言长明灯，其义甚深微妙，其功德不可称量。事佛者必先之，而大人君子之心或有在焉”的叙述，明言世人通过供养长明灯以彰显功德。到了明清时期，供奉长明灯还有庇佑子孙、祈求平安之意，城中士绅每年的岁租之入，都会用于供养城隍庙中的长明灯以求得庇佑。

燃灯与放灯

无论是灯烛还是灯台，它们都只是燃灯的物质载体，燃灯的仪式则有具体的流程与多重的意涵。佛教仪式中的灯台、道教仪式中的灯烛与祆教仪式中的火坛，都是通过燃烧带来光明以示教法的长明。佛教的燃灯实践，很大程度上受到了东汉以来的道教灯仪的影响。同时，佛教的燃灯仪轨也不可忽视其他外教中燃灯实践的影响。东晋法显在《佛国记》中云：

（拘萨罗国）又于议论处起精舍，精舍高六丈许，里有坐佛。其道东有外道天寺……外道常遣人守其天寺，扫洒、烧香，燃灯供养，至明旦，其灯辄移在佛精舍中。婆罗门恚言："诸沙门，取我灯自供养佛。（婆罗门）于是夜自伺候，见其所事天神持灯绕佛精舍三匝，供养佛已忽然不见。婆罗门乃知佛神大，即舍家入道。

这段记载虽然说的是婆罗门舍家入道之事，但也说明了佛教之外的宗教仪式中，同样存在燃灯的实践。燃灯实践的背后是燃灯的信仰和思想。北朝后期礼佛仪式中的灯烛，正是三者的物质载体，它们一方面将佛陀的光明永久化，另一方面也将信众的诉求世俗化。南北朝至隋代，大量的佛典中都涉及燃灯思想、信仰和具体的仪式实践。其中，北齐天保九年（558年）由天竺三藏那连提耶舍在邺都天平寺译出的《佛说施灯功德经》中，宣传了燃灯供养佛可得多种功德，如果信众在佛塔庙施灯，则可以得色身、资财、大善、智慧四种可乐之法，或者得身业、口业、意业、善友四种清净。施灯者还可以得八种可乐胜法、无量胜法、无量资粮、增上之法等。

南北朝时期佛教寺院中灯台的创制，将佛教史上原有的燃灯实践纳入中国化的轨道上来，由此形成了多种燃灯的传统。据陈怀宇归纳，宋代僧人志磐《佛祖统纪》卷三三《法门光显志》中列举了中国佛教中和燃灯有关的四种传统：第一种是供灯，即立于庙前用以供养佛以求功德之灯。第二种是身灯，即佛陀前世历经磨难、以肉身所作之灯。第三种是无尽灯，即以灯镜互照以现无尽之意。第四种是放灯，即在上元时节以灯台供养佛，从而为军民祈求福报。由此形成的上元灯节，在唐宋时期受到自上而下的引领和推动，明清以降，节日的灯会更是深入民间，成了每年春节百姓们喜闻乐见的活动。

在以上四种燃灯传统中，第一种和第四种被广泛用于具体的燃灯实践中。其中，第一种“供灯”的场景，在敦煌石窟隋代至五代的壁画中多有体现。例如，莫高窟第400窟北壁上的隋代壁画中便有一座灯轮，灯轮共三层，每层皆有羽葆，羽葆下放置油灯。类似的灯轮除了三层的，多以五层灯轮较为常见。在莫高窟第146窟北壁的五代经变画中，于虹桥前立有一座五层灯轮，灯轮为十字形底座，每层上放置油灯。灯轮下有两人正在点灯，其身后则有两人手捧油碗作为接应。这样的灯轮不仅出现在经变画中，同时在世俗百姓的礼佛场景中也有表现。莫高窟中第159窟西龛的唐代壁画中，一名妇人正在五层灯轮前燃灯，另有两人手捧灯油走向灯轮。在二人面前的供台上，还放着炊饼、胡饼、馓饼与餢飳等四盘供品。这样的画面生动地反映出唐代民间燃灯供佛

敦煌莫高窟壁画中的供灯图

左图：敦煌莫高窟第 146 窟壁画中的五层灯轮
右图：敦煌莫高窟第 159 窟壁画中的五层灯轮

的场景。

除了上述三层和五层的灯轮外，六朝至隋唐时期的文献中还提到一种“七层灯”。南朝宋刘义庆所撰《宣验记》记载了这样一个故事：

> 车母者，遭宋庐陵王青泥之难，为虏所得。在贼营中，其母先来奉佛，即燃七灯于佛前。夜精心念观世音，愿子得脱。

车母的母亲为祈求其子脱难，在佛前燃七灯，这里的“七灯”究竟指灯的数量还是层数不得明确知晓。不过，唐代释

会、官方制度结合起来，同时融入了许多民间的信俗。西湖的河灯盛景也引来诗人们的吟咏。元代诗人张翥在散曲《婆罗门引》中描绘了中元时在西湖观河灯的景象：

> 暮天映碧，玻璃十顷蕊珠宫。金波涌出芙蓉。谁唤川妃微步，一色夜妆红。看光摇星汉，起舞鱼龙。　月华正中。画船漾，藕花风。声度鸾箫缥缈，雁柱玲珑，酒阑兴极，更移上、琼楼十二重。残醉醒，烟水连空。

月色微波与雕梁画栋间，满湖的灯火犹如满天的繁星般闪烁，又如万朵金莲一般在轻歌中荡漾。另外一位元代诗人也在诗中描绘了西湖放灯的景象：

> 共泛兰舟灯火闹，不知风露湿青冥。如今池底休铺锦，此夕槎头直挂星。烂若金莲分夜炬，空于云母隔秋屏。却怜牛渚清狂甚，苦欲燃犀走百灵。

池中的河灯照映着幽冥与现世，缓缓地驶出佛寺，带着民间百姓心中对祖先和亲人的思念，飘荡着进入每个人的梦境。

除了一般的供灯与放灯之外，佛寺中还会在佛塔之上燃灯，即所谓“塔灯”。明代徐善在《泠然志》中记载：“京师天宁寺塔建于隋开皇末，规制特异，上为扶阑，阑四周架铁灯三层，凡三百六十盏。每月八日，注油燃之。”高塔之上放置三百六十盏油灯，既有供佛的意义，同时作为寺院中最高的建筑，这些塔灯在照亮夜幕的同时，也可以为夜行的人们指引方向。北宋张师正在《括异志》中提到：

> 资圣寺在海盐县西，本普明院。旧记：晋将军戴威舍宅为寺，司徒王询建为光兴寺。天禧二年，赐今名。寺有宝塔，极高峻，层层用四方灯点照。东海行舟者，皆望此为标的焉，功为甚宏。

海盐县面向杭州湾，是嘉兴的重要港口。寺庙高塔上的层层四方灯，不仅充当着礼佛之供灯，同时也作为舟船入港之航标，具有重要的现实意义。佛寺中的燃灯，不仅寄托着民间看似虚幻的祈祷和愿景，也将灯火的实用功能与其宗教意涵联结在一起。有一位不知名的古人曾留下一首《塔灯》诗云：

> 拔地烧空宝炬长，烛龙挂影照穹苍。七层火树云生暖，九曲神珠夜吐光。霞点彤幢归净界，星随绛节下西方。如来应到天坛上，万斛金莲绕步香。

七层火树与九曲神珠使我们再次看到北齐到隋唐时期寺院前的灯轮与灯台，而高塔之上不仅有极乐之净土，更映射着民间的疾苦与憧憬。

灯赞与灯诗

在佛教视域下，无论是燃灯的传统与仪式，还是用于燃灯的灯台与灯烛，不仅是佛寺中日常起居的必备之物，也在礼佛供养中具有特殊意义。不但如此，灯也是佛法不断传承与延续的具象体现。东晋高僧支昙曾作《谛灯赞》云：“既明远理，亦弘近教。千灯同辉，百枝并曜。飞烟清夜，流光洞照。见形悦景，悟旨测妙。”在这篇灯赞中，佛灯不仅洞照着沉沉的夜色，同时也蕴含着精深的佛法要义，引导人领悟万物的真谛。正因如此，佛教中亦把传法称作传灯，许多高僧的法号中亦有“灯”字。例如，北宋赞宁《宋高僧传》记载唐代荆州天崇寺中有智灯禅师，明代元贤《继灯录》记载天台上云峰有祖灯禅师。除此之外，明代还有宝灯、通灯、传灯、古灯等高僧，俱以灯为名，各有德行事迹记于府志之上。

高僧有灯名与灯赞，唐宋以来的文人墨客游访于山水之间或佛寺之内，亦留下了大量灯诗。北宋彭乘在《墨客挥犀》中记载：

> 东坡夜宿曹溪，借《传灯录》读。灯花堕卷上，烧一“僧”字，即以笔记于窗间云：“曹溪夜岑寂，灯下读《传灯》。不觉灯花落，荼毗一个僧。”

苏东坡本人有很高的佛学造诣，生活中也与佛印和尚为挚友，其诗文中常有禅意。《传灯录》为宋真景德宗年间释道原所撰，记载了禅宗历代的传法机缘。东坡夜读此卷时，灯火落在书卷之上，刚好将一“僧”字烧去。“荼毗”是佛教用语，为梵语音译而来，意为焚烧。灯光落下烧了书，东坡不觉惊慌，却将其视作高僧火化而去，正可谓将书卷之文通过灯之意象内化于心，恰恰暗合了“传灯”之内涵。

如果说书卷上的“传灯”代表了佛法的领悟和传承，那么寺院中的纱灯，则代表了友人之间的深厚情谊。唐代著名边塞诗人李颀一生淡泊放达，纵情山水，曾在寺中与友人綦毋潜送别时，以纱灯为诗云：

禅室吐香烬，轻纱笼翠烟。长绳挂青竹，百尺垂红莲。
熠爚众星下，玲珑双塔前。含光待明发，此别岂徒然。

分别前夜的星空与双塔前的纱灯相互映照，既照亮了离人的前路，也照亮了友人之间敞亮的心境。离愁别绪在红莲灯下，又多了几分从容与淡然。不过，寺中之灯既有恬然脱俗者，在晓畅与悠然间让观者洞见自身；也有金碧辉煌者，让人在耳目缱绻中心生应景之情。五代前蜀时期的徐太妃生活奢靡，经常在外出游乐时吟风弄月。她在《三学山夜观圣灯》中吟道：

圣灯千万炬，旋向碧空生。细雨湿不暗，好风吹更明。磬敲金地响，僧唱梵天声。若说无心法，此光如有情。

名山宝刹中的燃灯自是礼佛之用，徐太妃心情舒畅，在雨夜中观寺内供灯，将耳边的磬声梵呗与映照夜空的圣灯之景有声有色地呈现出来，脱俗之景与人间之情在灯光下毫无违和地融为一体。佛寺中的灯既有高大的灯台，也有普通的灯烛，同时还有构思精巧的别样佳作。元明之际的诗人吕诚曾在《咏菩提叶灯》中云：

宝林萎叶堕天风，一落人间便不同。云镜荧煌开月匣，并刀裁剪费春工。星攒蜩翼冰绡薄，华拥虾须玉栅红。从此可传无尽藏，五湖今有水晶宫。

诗中所说的菩提叶灯，应是通过掐丝与捶揲工艺把金银加工为薄片状，再在其中放置蜡烛而制成，诗人在赞叹其工艺绝伦的同时，也抒发了对佛法的崇敬。

唐代诗人马戴有“雨夜佛前灯”之句，南宋诗人陆游有“长明古殿灯”之语，这些佛寺中的灯台在照亮寺院的同时，也承担着对佛供养和礼拜的功能，寄托着世人心中朴素的祈愿。南朝诗人江总在《三善殿夜望山灯诗》中吟咏道：“若在扶桑路，堪言并日轮。”佛寺中的燃灯对于普通的信众来说，亦如夜行中的明灯，引导人们走向他们心中的长明之所。

墓门重开焕旧颜：中国古代墓葬中的长生灯

生死徘徊

佛教燃灯仪式在中国的本土化实践，催生了北朝至隋唐时期地面寺院中的灯台，其间的灯烛作为供佛之器，也成为联结现世和来世的桥梁。人们赋予灯台与燃灯活动特殊意义的同时，灯台和燃灯活动也反过来塑造了人们的宇宙观、家庭观与生死观。相比现实功能与礼仪内涵而言，在中国传统文化中，灯自始至终被当作一种生命的意象，串联起人们对生死的认知和理解。墓葬中随葬的灯具与墓葬壁画中与灯檠有关的图像，既从现实的角度为我们呈现出不同时代灯具的具体形象，同时也钩稽出古人在生死两界徘徊时，内心深处

暗两界的观念有关。可见，灯光不仅可以洞见生死，亦可明辨人鬼。除此之外，人们还赋予了灯烛沟通生死、化象还形的意涵。元代伊士珍《琅嬛记》中记录了一个更为离奇的故事：

> 马嵬变后，明皇朝夕思惟，形神憔悴。有道士以少君术求见上，……道士出袖中笔墨，索细黄绢，诵咒呵笔，画一女人像，若天师所画符简，仅类人形而已……请具五色帐，结坛壁而供之……至定昏时，请上自秉烛入帐中。先是道士以五色石示上，谓之衡遥，以少许研极细，和以诸药，令作烛，外画五色花，谓之还形烛。

唐明皇与杨贵妃生离死别的故事，自唐代以来被文学家和民间艺人反复演绎，同时也为市井百姓所津津乐道。围绕凄美的爱情主题悲剧展开的文学作品与工艺品不计其数。在这个故事中，道士通过所谓的“还形烛”将平面的画像变得生动可感，这或许只是一个视觉魔术。不过，在现实中以色差和光影的变幻，来实现视觉感官的真实感，未必是虚妄之事。“还形烛”既是一种艺术创作的道具，同时也寄托着千百年来人们渴望沟通生死的美好愿望。灯烛在人们的生死观念中，不仅仅是生与死两个世界的边界，同时也是生死两界的媒介，在幽冥之中长生不灭。

幽室长明

洞穴是人类早期的居所。在法国旧石器时代的洞穴遗址中，在绘制洞穴岩画的壁面一角，人们发现了装有少量油脂遗迹和灯芯的石灯。在中国唐代墓葬的墓室中，考古学家也发现了当时画工绘制壁画时用于照明的灯台。相隔上万年之久，这些幽室内的照明器具，仿佛始终在发挥着其照明的功用。不过，在幽寂的墓室之中，灯烛不仅一度充当过实际的照明器具，更多的则是关乎人们生死观念的意象之物。

《礼记·檀弓》记载了曾子临终众人围坐送别的情景：

> 曾子寝疾，病，乐正子春坐于床下。曾元、曾申坐于足，童子隅坐而执烛。

尽管原文主要讲的是曾子临终之时尚且要求子弟正席合礼，但童子在生死关头“隅坐执烛”的形象却让人印象深刻。这灯烛既是临终之人最后的生命映照，也在此后的历史长河中留下印记。战国秦汉以降直到明清，墓葬随葬品的祭祀组合中常以灯具为中心，其具体形制和特点，我们在前文中已有介绍。墓葬中位于墓室中的灯被后人称作“长生灯”，自与保佑墓主人灵魂不死之义有关。战国秦汉时期，在神仙思想的影响下，人们认为灵魂可以长生不朽，灯也成为引导死者通往昆仑仙境的指引之物，秦始皇陵中长明不灭的灯烛便是此类。在墓室的祭祀用器中随葬此类灯具，除了可以引导墓主升仙不死外，还有庇佑墓主子孙的内涵，据《永乐大典》卷八一九九引《大汉原陵秘葬经》记载："凡墓堂内安长生灯者，主子孙聪明安定，主子孙不患也。"除此之外，墓葬中的灯火还有镇煞祛魅的功能，正是有了这样丰富的意义，两汉时期的墓葬中不仅随葬灯具，同时也会在墓葬图像中塑造执灯侍者的形象。

河南南阳陈棚汉代画像石墓中，在墓葬后室南北过梁的立柱上，分别以浅浮雕的形式刻画了两位持灯侍者。二人身着袍服，梳髻戴帻，单手握灯。灯均为瓠形，其中灯焰正在燃烧。类似的主题还出现在南阳麒麟岗汉代画像石墓中。在墓葬主室墓门南北的立柱上，分别刻画了一座三枝的灯檠与一位站立燃灯的侍女。长生之灯与燃灯者的组合形象，使墓葬的幽室内多了一些人间之味，也让墓主的精神在另一个世界长久地明亮。到了汉魏六朝时，这种旧的传统也开始与道教的灯仪结合起来。东晋王嘉《拾遗记》载：

> 三十六年，王东巡大骑之谷，指春宵宫，集诸方士仙术之要，而螭、鹄、龙、蛇之类奇种，凭空而出。时已将夜，王设长生之灯以自照，一名恒辉，又列璠膏之烛遍于宫内，又有凤脑之灯，又有冰荷者，出冰壑之中，取此花以覆灯七八尺，不欲使光明远也。

汉代墓葬画像石中的灯

左图：河南南阳陈棚画像石墓所见燃灯侍者形象
右图：河南南阳麒麟岗画像石墓所见灯檠图像

这里假托周穆王之名，提到了一种“长生之灯”，具有类似功能的灯具在《汉武帝内传》以及《洞冥记》等笔记小说中也有出现，都是基于秦汉时期的神仙思想而来，是两晋时期道教利用旧有传统和自身仪式发明出的新事物。道教灯仪是道教斋醮中一种常规仪式，道士持灯行仪，象征上照诸天，下照地狱。现存《道藏》中的灯仪约有二十种，分属金箓和黄箓两类，二者在四季燃灯时的数量各有差异，其间说法也不尽相同，但灯在其中的作用主要都是照彻幽暗。道教认为行道礼诵，灯烛为急。燃烧的灯烛用光明驱走黑暗，上映无极福堂，下通九幽地狱，是一种无上的功德。

东汉至魏晋时期墓葬中随葬的灯俑与多枝灯，多与上述两个传统的融合有关。在“事死如事生”的生死观念下，这些灯火不仅再现了墓主人生前的生活，也表达了墓主人对踏上升仙路途的期望。东汉中后期，佛教逐渐传入中土，佛教艺术及佛教元素的装饰形式也出现于墓葬中的器物之上，这在灯具上也有所体现。佛教的轮回观念进一步丰富和改造了此前人们对于生死的认识。尽管魏晋时期的社会现实与丧葬实践让人们认识到升仙的虚妄，但是佛教勾勒出的死后世界，给了人们对于死亡的另一种想象和出路。从仙途到佛境，墓葬中的长生之灯也开始有了另一种表现形式，即我们在前文中提到的莲花造型。佛教的燃灯仪式也大大丰富了墓葬中长生之灯的内涵。我们在前文中提到了北朝以降佛教寺院中的“长明灯”，这里又提到源自早期道教神仙思想中的“长生灯”。事实上，当他们处于华夏传统的礼俗视野之下，都会与中国传统的家庭观念相结合，纳入墓葬祭祀的礼仪环节当中，进而出现通过墓祭以实现必有子孙的功能。也正是因为有了香火与墓祭，才使得幽暗可怖的墓室中，出现长明长生的灯光。

壁上灯檠

中国古代墓葬中的长生之灯，在不同时期和不同地域，具具体形制和表现形式各有差别。秦汉时期的多枝灯源自秦汉宫廷，在魏晋时期对关陇地区持续影响。北魏平城时期的莲花灯，则随着北魏迁洛，为北朝后期墓葬祭祀用灯奠定了基调。除此之外，墓葬中特殊造型的灯具，例如渗透着早先阴阳观念的蟾蜍形烛台，在北朝依然延续和存在。汉代画像石中的执烛侍者或燃灯侍女的形象，在北朝至隋唐时期则较少见。北朝至隋唐墓葬的壁画或石刻图像中并不乏手捧灯烛的侍女或舞者形象，但这些并不像汉墓那样绘于墓门两侧的立柱上，更多的是作为夜宴组合的一员出现。值得注意的一个现象是，自晚唐至元明时期，墓葬壁画集中出现了“灯檠图”或“燃灯图”这一题材，这些墓葬的空间分布也呈现一种集中现象。

从晚唐到五代，河北地区都是中央和地方博弈拉锯的焦点所在。反映在墓葬营建和装饰设置上，这一时期的墓葬在整体面貌上呈现出大量的河北因素。这些装饰形式的背后，是北朝以来关东士族与关陇地区长久文化抗衡过程中所形成的地域传统。

辽代虽为契丹人所建立，但内部并非铁板一块。辽设五京，其中西京大同府（今山西大同）与南京析津府（今北京改此前多枝的形制，而表现为一上一下、灯盏和灯盘相结合的样式，在灯盏和灯盘上下，分别还雕出了荷叶的造型。以灯檠作为分隔，左右共有三位侍女。其中右侧一位手提油壶，似在进行填油，左侧两人则分别手捧酒盏食盘前去奉食。

从北宋至元明时期，出现此类题材壁画的墓葬多分布于太行山沿线及其两侧，包括今天的山西、河北、河南和山东等地。其中的灯檠延续此前传统，多以影作砖雕形式雕出，侍女则以壁画形式表现。其中的灯檠也不同于金代以前的多枝形制，而是着重表现巨大的灯柱，山东地区元代墓葬中的灯檠多是此类。在山西地区元代墓葬壁画中，此类灯檠则被表现得更为高大，甚至超出了一般人的身高。例如，山西屯留康庄村一座元大德十年（1306年）的墓葬中，

山西屯留康庄村元墓南壁灯檠图

在墓室南壁东侧雕出一座大如椽柱的灯檠，燃灯的侍女踩在板凳上，小心翼翼地将手高举去挑拨灯捻，仍然尚有不及。而在山西阳泉的一座元墓中，高大的灯檠直通屋顶，灯盏仅一盘，被装饰为莲花状，头戴幞头、身着长袍的男侍者将一手高高举起，但离灯盏仍然尚有距离。在其对面，有一只蝴蝶正朝灯盏飞去，其下卧着一只猫正回首向蝴蝶飞去的方向望去。猫的左侧壁面上墨书“大元至元二十八年”的题记。山东章丘女郎山14号明代墓葬中，在墓室东壁绘有一幅燃灯图。灯檠一改砖雕形式，而是以壁画形式绘于华丽的帷帐之

山东章丘女郎山14号明墓东壁燃灯图

下，与之对称而立的是高大的花丛。灯檠在整体造型上延续了山东地区金元以来的基本形制，以高大的灯柱为中心，分为底座、灯盘、灯盏三部分，每一层都装饰以藤枝或花卉纹饰。燃灯者一手提着油罐，一手高举至灯盏处进行填油。与山西地区元墓壁画中的灯檠相似，灯盏高过了侍者的头顶。

从晚唐至辽宋时期专门的燃灯形象，到金元时期茶酒备宴时的灯檠砖雕，再到元代山西地区富有画面感的探灯场景，墓葬壁画中的灯檠砖雕与燃灯图像，以生动写实又富有想象力的人物形象，让人甚至忘记了死亡的恐怖与亲人离别时的忧伤。但是这些内容也让人想到，从汉至宋，相隔北朝与隋唐，墓室中燃灯图的再度出现也许并非偶然。特别是文献中的灯，除了在东汉时期与人的生命有所互指外，在宋元时期也与生死之事多有牵涉。

在宋元时期民间笔记小说之中，许多无法解释的离奇死亡，都与灯产生某种莫名的关联。北宋孔平仲在《谈苑》卷三中记述了一个故事：

> 知江州瑞昌县毕从范，素健无所苦。一夕会客，客前烛皆明，惟从范前烛数易屡灭。是夕，得暴病卒。盖阴气先有所薄尔。

文中的毕从范平时一向康健，却在面前灯烛屡次熄灭后暴亡。会客时的灯烛作为生命将尽的谶语，也暗示了时人将灯烛作为生死的具象。《太平广记》引北宋徐铉《稽神录》记述的一则故事：

> 舒州都虞候孙德遵，其家寝堂中铁灯擎忽自摇动，如人撼之。至明日，有一婢偶至灯擎所，忽尔仆地，遂卒。

如果说点亮的灯烛意味着生命的延续，那么不摇自动的铁灯檠则成了夺人生命的凶器。灯檠的烛火意味着生命的延续，无法控制的灯檠也会引来生命终结的惨剧。从战国秦汉至元明，墓葬中长生之灯的装饰由华丽趋向简化，但灯檠却越来越高。由彰显华丽到引人观赏，再到表现燃灯之不易，灯的主体的造型与装饰已然不是首位，重要的是灯檠背后的寓意。生死之间的界限，其实并不在于肉身或灵魂的延续。在长生与长明的另一面，暗示了生死之外是人们对命运的掌控。伴随着明清时期民间对于生死有了更加理性的认识，墓葬中所谓的“长生灯”与“燃灯”活动，也更多地表现为一种社会化的礼俗符号。

墓葬是人们对于死亡的一种处理方式，寄托人们现实情感的同时，也反映了当时社会的制度、习俗、礼仪与观念。从战国秦汉至宋元明清，墓葬中的灯具无论以何种形制、何种形式出现，都与当时人们对于生死的理解密切相关。墓葬中的长生之灯，自出现以来便凝聚着人们对于生命的感悟。

在历史发展的进程中，它们在传统家族祭祀活动中又融入了佛教和道教的灯仪，并不断在文化的层累中注入新的意涵，这本身便是超越生死的文化生命所在。山西高平金墓的后室南壁上曾墨书这样一句话："墓有重开之日，人无再少之颜。"墓葬中的灯火固然不可真正长生、长明，但当墓门重开、生命早已流逝之时，它们依然可以使旧颜焕然。灯光之下虽然没有永驻的生命，但人们对于生死之间的追索却永远未停。

书檠夜烛乐山水：宋元明清文人用灯的俗志与雅趣

读书宦游

中国古代的灯具不仅仅是日常用来照明的器具，它在政治制度、社会习俗、宗教仪式、生死观念等不同层面，都具有不同的功能和内涵。我们之前曾介绍了中国古代灯具发展的三条线索，这些不同的功能和内涵贯穿于这三条线索之间，彼此交织又相互关联。从晚唐至北宋，中国在政治、社会与思想观念等多个方面都发生了结构性的变化，与之相应的则是物质文化和艺术表现的改变。

早于欧洲文艺复兴三百多年，中国在知识精英的引领下，开启了一阵“复古”的潮流。以韩愈为首的文学家倡导的“古文运动”，以二程、朱熹为代表的理学家引领的“儒学复兴”运动，吕大临、欧阳修等人开创的金石之学，以及遍布山川田园的书院，都是这场潮流中翻腾的浪花。知识群体在对古典时代典章文物重新阐释的同时，也将世人从佛道描绘的彼岸图景里，再度拉回到务实的现世。两宋科举制度的不断完善，也使读书与宦游并为一途，达则兼济天下，穷则独善其身成为大多数读书人的人生信条。不过，尽管天下苦读之人众多，但通过读书进入仕途者仍是少数，进入而不得志者又会选择归隐田园。如果说在生死两界的徘徊本质上是对命运掌控的无力，那么在出仕与归隐间游移，则催生了中国艺术和物质文化中的文人化取向。从宋元至明清，文人群体不断兴起。文化知识的积累、道德情操的约束、生活品位的诉求，出仕与归隐间的摇摆，这些不同方面的综合作用，催生了文人们独特的雅趣。这种雅趣也被文人们寄托于灯具之上，灯烛在照亮其书桌、点燃其世俗之志的同时，也照亮了文人们充盈但又易染的内心世界。

《考古图》是北宋金石学家吕大临的著作，成书于北宋元祐七年（1092年），比较系统地著录了当时宫廷和私家收藏的古代器物，其中便涉及汉魏以来的灯具十余件。在复古思潮之下，藏古、鉴古在当时成为一种高雅的时代风气。何为雅俗？不同的时代有不同的标准。在周代，雅俗以地域为标准进行区分，王畿之地所用即为雅，四夷之地所用即为俗。至魏晋时期，随着名士集团兴起，雅俗开始以审美和人群为标准进行划分，符合特定人群的审美需求则为雅，反之即为俗。到了北宋，在地域、人群和审美的交织中，古今之时代又成了一项标准，符合“古意”者则为雅，反之即为俗。这种理念一直影响到明清时期文人的审美品位，甚至成了用以标榜的话语。例如，明代屠隆在《考槃余事》卷三“书灯”条云：

> 有古铜驼灯、羊灯、龟灯、诸葛军中行灯、凤龟灯；有元灯；有青绿铜荷一片檠，架花朵于上，想取古人金莲之意，用亦不俗。陶者，有定窑三台灯檠，有宣窑两台灯檠，俱堪书室取用。

这段记述虽然简短，却包含了多方面的信息。前半段所列铜质灯具多为汉魏时期所流行，对此我们已然熟稔。在论及莲花灯檠时，作者提到古人认为金莲之意与功用不俗。我们在前文已经指出，莲灯起初取自佛教中光明、不染之义；至唐宋时，金莲烛则是大臣与皇帝奏对返回时所用，自非一般用途。作者在此处含蓄地传达出其尚古的态度倾向，同时“不俗”二字，也隐约透露出作者对雅俗的理解。后半段中，作者提到当时的陶瓷灯檠用于书房，可知北宋时期文人书房用灯的一般情况。陶瓷质灯具在魏晋南北朝时期即开始出现，在唐代则成为日常用灯的主流。在浙江唐代的瓷窑址中，曾出土过不少造型简约的青瓷油灯。例如，浙江黄岩沙埠窑遗

浙江黄岩沙埠窑遗址出土盘盏形青瓷油灯

址中便出土过数量可观的盘盏形灯，高度约在3.5—4.5厘米之间。至宋元时期，我国制瓷技术取得了更大的发展，窑口众多，产品精良。陶瓷灯具既有耐热之效，同时晶莹的视觉感官和如玉般的质感，也在很大程度上迎合了文人的审美需求，无疑是作为书房用灯的首选。

灯既是文人读书的必备之物，也是他们用以寄托平生志向的物象。对此，两宋文人多有对书灯的吟咏之辞。例如，蒋恢在《秋夜读书》中有“旧书重读添新味，二尺檠边夜正长”之句，以二尺灯檠营造出夜读旧书的氛围。刘克庄则在《临江仙》词中吟咏道：“高楼百尺不须登，半炉烧叶火，一盏勘书灯。”作为南宋末年的文坛领袖，其文名久著，又精通史学，可谓一时之杰。其本人仕宦经历大起大落，性格亦有复杂一面，既曾仗义执言，弹劾权臣，也曾趋附贾似道而连奉阿谀之辞。这首词以灯点睛，道出了作者内心深处的真实愿望，高楼寒夜，只有炉火能给人带来些许温暖，也只有书灯能为文人们照亮心境。

正因为书灯传达着文人们心照不宣的志向，因此也成了文人之间用于交谊的道具。陆游在收到旧友韩实之送来的书灯后吟咏道："旧友年来不作疏，华灯乃肯寄蜗庐。宁知此老萧条甚，二尺檠前正读书。"灯由直阁寄来，直阁是宋代的藏书机构，韩氏由此寄灯给旧友，自有其不宣而明的用意，对此陆游本人也用颇带挖苦的幽默予以回应。文人们的追求和境遇大抵相似，书灯也成为宦游遇挫时彼此之间的共情之物。不过，赠送灯台在两宋时期并非都是好的用意。当时有一句"赵老送灯台，一去更不来"的民谚，不仅在百姓间流传，士大夫们也常说起。北宋欧阳修在《归田录》卷二中记载：

> 天圣中，有尚书郎赵世长者，尝以滑稽自负，其老也求为西京留台御史。有轻薄子送以诗云：此回真是送灯台。世长深恶之，亦以不能酬酢为恨，其后竟卒于留台也。

民谚中的"赵老"是否指的便是赵世长不得而知，但送人灯台多少暗指了升迁无望、仕宦到头之意。

宋元至明清时期的书灯究竟为何样？明代高濂在《遵生八笺·燕闲清赏笺》中对明代的文房用灯有所介绍："若雁足灯、凤龟灯、有柄行灯，用以秉烛；驼灯、羊灯、犀灯，用以燃油。此皆文具一器。"由此可知，明代的书灯有烛台和油灯两类，但从其描述和现存文物来看，这些文具多为古时文物，而非其时新制。明末清初有位文人叫王一翥，入清后隐居于庐山脚下。他曾作《读书镫檠赋》，对书灯的形制、照明效果和功能进行了描绘，并赋予其人格意涵。其中有一句"守此陶磁，陋彼铜釭"，从中也可看出当时的书灯有陶瓷质烛台与铜釭油灯两类。对于大多数寒门子弟来说，书灯想必是奢侈之物，即便是富裕人家，一般的陶瓷书灯也不会有更多华丽的装饰。河北井陉东关窑遗址中曾出土一件白瓷烛台，在盘盏之上以竖斜方向刻画数道刻痕，造型纹样简洁大方，又不失雅致。

河北井陉东关窑遗址出土白瓷烛台

在论及书灯时，宋元文人多言“二尺灯檠”，除了前面提到的，元代杨载在《废檠》也写道：“二尺书檠在，如今久弃捐。鱼膏虽有焰，蠹简独无缘。墙下偕遗砾，窗间带旧烟。却观提挈处，辛苦悔当年。”尽是对早年读书出仕但终而徒劳的消极之语，其中的“二尺书檠”已成为一个约定俗成的意象，但也揭示出宋元至明清时期书灯的一般高度。江西永修县明正统年间魏源墓中曾出土一座青瓷狮座烛台，高

明代的陶瓷烛台

左图：江西永修县明代魏源墓出土青瓷狮座烛台
右图：上海博物馆藏明代永乐青花勾莲纹八角烛台

23厘米。灯体为葫芦形插烛管，下承圆形托盘，底座为六边形台，上塑卧狮一只，狮子所负灯柱上堆塑藤枝蔓草。上海博物馆藏有一件明代永乐年间的青花勾莲纹八角烛台，灯高29厘米，通体可分为八角底座和插烛管两部分，以青花装饰折枝花卉、水波、莲瓣和缠枝菊花等。前者未必就是书灯之用，后者也未必就是文人所藏，但其体量基本符合“二尺灯檠”的规格，可以为我们观察文人所用之灯提供参照。

清人何绍基有《金在熔赋》，其中有言“若鹭洗、羊灯之错列，若莲壶、菱镜之晶莹”，虽为形容之语，但也罗列了其时颇具雅趣的文房诸物。这里提到的羊灯，应指汉代的羊形釭灯。不过，明清时期所谓的“羊灯”还另有所指。清人王闿运在《湘绮楼诗文集》中有载：

> 始官出，二圆灯前导，谓之羊灯。乡人虽官一品，还则提灯。咸丰中，黄冕授吉安知府，见巡抚，用羊灯，自后虽商贾亦以羊灯书官衔矣。黄居于赵家坪，同治初赵家坪之名籍甚。

此间所谓“羊灯”，乃是官员夜晚出巡时轿子前方作为前导的圆灯，而非文房雅趣之古物。这样的前导之灯，在明清时的使用有等级界限，为官员的身份标识，而非一般人所能使用。北京故宫博物院藏明代商喜所作《明宣宗行乐图卷》中，皇帝出宫上桥的画面里，于銮驾前有两位宦官手提长柄圆形灯笼，即为羊灯。与文人书檠的清高之焰相对，羊灯的灯光所表现的则是官场的森严等级。文人读书考取功名，其后仕途上的起落则是另一般滋味。清人李星沅在左迁解任时给李竹溪的诗歌中有“万重宦海一帆开，忽到中流转舵回”的慨叹，其后又言“兔月羊灯事已非，萧条官舍暂相依”，所谓兔月，原是当年科考蟾宫折桂之意，而羊灯则是自己从前身居官位时的象征。“兔月羊灯”也与“二尺灯檠”相对应，成为宋元至明清时期文人的两盏灯烛，一盏映照着宦海沉浮，一盏映照着寒窗皓月。

故宫博物院藏《明宣宗行乐图卷》中的羊灯

山水踟蹰

文人咏灯，其志未必尽在世俗的科场仕途，亦在宽广的山水之间。山水既是文人们在困顿现实中的栖息之所，也是他们超越现实的精神归宿。寒窗之灯催人奋进，朱门之灯彰显华贵，山水之灯则与天地同光，与日月同尘。自从东晋陶渊明为士人们勾画了一幅桃源图景，千百年来文人们无不在踟蹰于功名之外，寻求安顿自身的心灵家园。

南宋词人吴文英一生未第，平生常游幕于吴越之地，每有所见则多有题咏。在其众多词作中有一首《醉桃源·荷塘小隐赋烛影》，是他在词友毛荷塘家中醉饮后所作，词句将“小隐”内外的烛阴树影描绘得如梦如幻：

> 金丸一树带霜华，银台摇艳霞。烛阴树影两交加，秋纱机上花。　飞醉笔，驻吟车，香深小隐家。明朝新梦付啼鸦，歌阑月未斜。

落魄文人在山水小筑内的烛光中醉笔沉吟，在虚实不定的烛影间，心中多少有几分今朝有酒今朝醉的无奈。在远离俗世的山水间，月光往往是夜色中与山灯相伴的素侣。两宋文人们在铺陈山水之夜景时，大多会将灯与月作为一联同时勾勒。北宋文豪苏轼在《太白山下早行至横渠镇书崇寿院壁》

中有“乱山横翠幛，落月淡孤灯”之句，描绘了早起赶路时的山景与天色。月落天边，灯花将尽，诗人在短暂休憩后，心中再次泛起波澜。苏轼时任大理评事、签书凤翔府判官，每日的仕途奔走、案牍劳形使其发出“奔走烦邮吏，安闲愧老僧”的感慨。孤灯既映出了山水老僧的闲适生活，也流露出作者往返于山水与俗世间的纠结心境。南宋名臣范成大一生仕宦四方，事功斐然。然而，其心中常怀山水之趣，笔下亦时有田园之作。他早年父母丧亡，曾在寺中潜修，并无意于科举功名，但由于生计所迫而不得不四处应试以求自处。绍兴二十二年（1152年），范成大由苏州赴金陵参加漕试途中，夜宿义林禅院，留下了“竹间东岭月，松杪上方灯”之句。其时夜深冷寂，但诗人将竹岭之月与松下禅灯表现得澄澈隽永，既道出了禅寺的明净，也表达了出离于俗世功名的另一番追求。与明月相照的禅灯在山水之间发出微光，然而明日还要继续赶路，诗人连夜劈斩崖藤制作行路手杖，此般情境与苏轼的“马上残梦”倒有几番相似。文人们常在俗志与雅趣间左右摇摆，明月下的山灯，也成为其自我映照的心灯。

这样的灯不仅出现在诗文之中，也表现于画作之上。中国古代的独立山水画出现于盛唐，在两宋时则臻于化境，并形成了文人山水的绘画传统。从宋元至明清，山水画中亦不乏对灯的描绘。特别是到了晚明，政治黑暗的另一面却是民间社会的生机勃勃，市井的发展与工商业的成熟使人们的生活方式更加丰富多彩。文人们通过画作营造出另一番山水之景。台北“故宫博物院”藏有一幅名为《销闲清客图》的山水长卷，出自晚明松江的孙克弘之手，全卷共绘二十景，一景一题。画卷以山水为背景，却描绘出文人在俗世日常中的休闲雅趣。其中有两景表现了灯，一幅题作“灯一龛”，另一幅题作“夜坐”。

在前一幅画中，画家描绘了一派夜雨中的林泉之景。整个画面并未指明时间，但是松林间的小道上，有两人正弓身前行，其中一人手提灯笼，另一人手提茶壶，暗示了此时夜色正浓。眼前的道路指引他们通往林下的草庐，草庐内悬挂着一盏火盆，有两人盘坐于两侧。其中一人头戴纶巾，似作问答；对面光头者低头沉吟，似为一僧。画面左侧文字题道：“小斋幽寂，夜雨篝灯。坐对终夕，为戴发僧。”夜雨

《销闲清客图·灯一龛》

纷纷的松林间，行人前行的篝灯是唯一的光源，缓慢前行的光亮与草庐的幽寂之暗形成对比。然而，无光处自有其声，雨下松风与石上清泉相互应和，庐内的文人与高僧坐对谈禅，于未明之处却营造出一番澄明之景。

在后一幅中，画家描绘了一派夜幕下的村居之景。与前一幅相似，这同样是一个无月之夜，舍内主人桌上的烛火揭示出夜坐的主题。主人端坐于窗前，目光正望向窗外沉沉的夜空，一位童子在其身旁侍候。屋舍四周皆为青松环绕，亭中梅花兀自开放，墙外则有萧索的柳枝与墙内的梅花相互掩映，由此也暗示出此时正值冬时。草色入帘，青苔爬上门墙，墙边矗立的太湖石透露出屋舍的主人自非等闲之人。桌上的烛台高约二尺，其上的蜡烛刚刚点燃不久，亮处的恬静与门外暗处的动形成对比，一位耕者正荷锄而归，身边一只黑犬相随左右。画面左侧文字题道："蒲团孤坐，万籁俱寂。人境自远，此际不知在尘埃间者。"夜烛熠熠，人心自安，纵然身处尘世之间，但在星火之下，也能暂得一份月明之境。

在这两幅图中，林泉篝灯与村居夜烛这些寻常之景，被画家赋予了一种别样的高雅旨趣，也体现出晚明文人的另一种精神景观。两宋文人的山水世界中，灯火总是与月光相互映照，然而灯烛却总是俗世与山水的一种边界，二者在灯光下是相互剥离的。到了晚明时期，文人世界的山水，本身就寓于尘世之中，二者并不截然对立。山水之间的灯，也构成联结两个世界的纽带。

《销闲清客图·夜坐》

精工巧思

宋元以降，文人世界的“雅”与“俗”不仅关乎地域、人群、审美与古今，山水之雅与尘世之俗也构成了其精神世界的两面。这两个面向有时对立，有时联结，有时交织纠缠，从文人作品的灯具之中便可见一斑。文人用灯，有的以简朴素雅体现山水之境，有的则以独特意象体现俗世之志，但无论何种选择，灯具中都融入了匠人的精工与巧思。

北朝至隋唐，陶瓷烛台是灯具中的重要一类，宋元至明清都延续了这一传统，并有了新的创制。相比唐代的青瓷与白瓷，元明清时期风行于世的是青花瓷，它是用钴料在瓷胎上描绘纹饰，通过线条的粗细、疏密、浓淡等笔法来表现各种图案，然后涂上透明釉在高温中烧成。青花瓷制成的烛台，色调介于青白相间，淡淡的烛光在素雅中融入中国传统绘画的笔致韵味，最符合文人“淡泊明志、宁静致远”的理想追求。前文中提到的青花勾莲纹八角烛台便是青花烛台中的经典案例，类似的青花瓷烛台也常为御制而进献皇宫。

如果说青花瓷制成的灯具最能体现文人的素雅志趣，那么北宋至明清的琉璃灯，则最能体现俗世的多彩与风华。文献中关于“琉璃”的说法有很多，目前学界一般认为琉璃即指玻璃。中国古代的玻璃制品大抵有铅钡玻璃和钠钙玻璃两类，其中前者中国本土即有，后者则为舶来之物。汉唐时期的玻璃作为舶来品，一度位列奢侈品的行列。其中玻璃制成的灯具可见于敦煌壁画中，但它是佛教礼仪中的供器，而非日常用具。

北宋的陶谷在《清异录》中曾提到一种琉璃灯笼：

> 侵夜，宫嫔离次，上独映琉璃灯笼观书，久之归寝殿。王才人问：“官家今日以何消遣？”上曰：“绿罗供奉已去，皂罗供奉不来，与紫明供奉相守……”

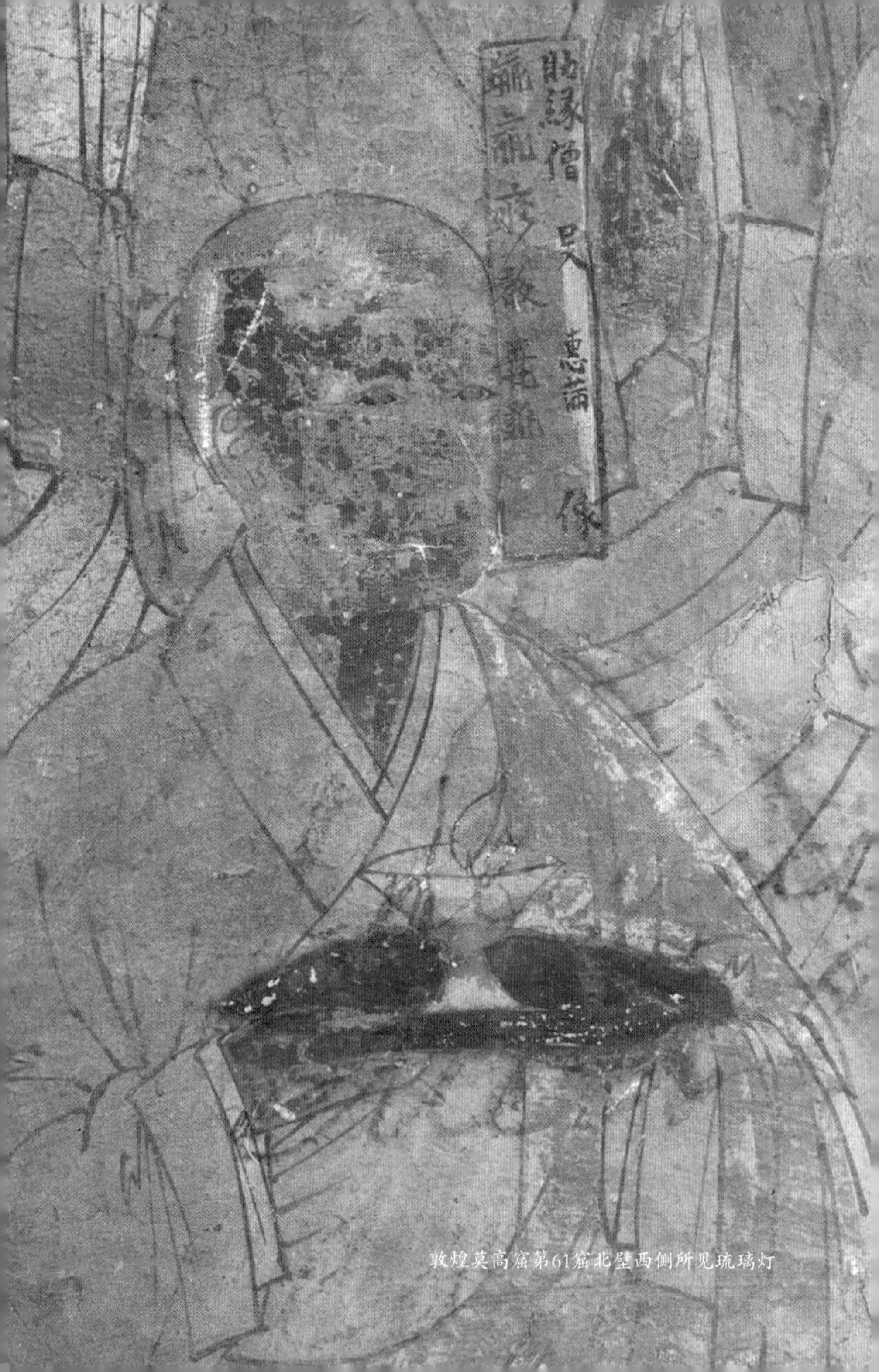

敦煌莫高窟第61窟北壁西侧所见琉璃灯

这种琉璃灯笼究竟何样不可确知，但作为照明器具，它们必定具备晶莹透光的基本属性。从记载可知，琉璃灯在唐宋时期还是献于宫廷的进贡之物，其价值自可想象。但到了南宋之时，江南富甲一方，小康之家户户挂灯，精美的琉璃灯已然跨越宫墙进入民间。南宋陈元靓《岁时广记》卷十引《岁时杂记·灯夕》记载：

> 外郡唯杭、苏、温，华侈尤甚，自非贫人，家家设灯。有极精丽者，浙西大率以琉璃灯为主，苏州卖药朱家灯烛之盛，号天下第一。以琉璃肖物之形，如牡丹、莲花、曼陀罗；又盆中莲荷、车舆、瓶钵、屏风、帐幔、拄衣、佛塔、转藏、鬼子母等像，皆以琉璃为之，亦用云母石为灯及缯楮等，品类繁夥。

这些琉璃灯自是元日灯夕张挂，而非日常书房内外所用，但其造型多样，主题丰富，也反映出俗世的繁华。南宋周密在《武林旧事》卷二中描绘元夕之景时也提到了琉璃灯，“幽坊静巷好事之家，多设五色琉璃泡灯，更自雅洁。”这种琉璃灯在热闹的元夕灯会中，更有一种高洁雅致之观感。

关于琉璃灯的制作方式，明代宋应星在《天工开物·珠玉》中记载：

> （琉璃石）合化硝、铅写珠铜线穿合者为琉璃灯，

捏片为琉璃瓶袋（硝用煎炼上结马牙者）。各色颜料汁任从点染。凡为灯、珠，皆淮北齐地人，以其地产硝之故。

琉璃本自域外输入，与硝、铅化合后，以铜线穿合即可制成琉璃灯，其制作原料固然不易得，制作过程更需要特定地区的工匠来制作。由此可见，这些琉璃灯彰显雅洁之趣的背后，更是精工与巧思。

明清时期的灯具种类更加多样，灯具的设计也融合了前代的各种工艺，这些精巧的灯具也成为文人们收藏和歌咏的对象。张岱在《陶庵梦忆》“世美堂灯”一条下提到了他当时收藏的各种灯具：

十年前，里人有李某者，为闽中二尹。抚台委其造灯，选雕佛匠，穷工极巧，造灯十架。凡两年，灯成而抚台已物故，携归藏椟中。又十年许，知余好灯，举以相赠，余酬之五十金，十不当一，是为主灯。遂以烧珠、料丝、羊角、剔纱诸灯辅之。而友人有夏耳金者，剪彩为花，巧夺天工，罩以冰纱，有烟笼芍药之致。更用粗铁线界画规矩，匠意出样，剔纱为蜀锦，皴其界地，鲜艳出人。

这些灯具不仅在材料和工艺上别出心裁，也迎合了文人们的审美品位，在华丽中亦不乏雅致。其中提到的料丝灯，最早出现于元代，在明代盛极一时。这种灯通常是以玛瑙、紫石英、赭石等原料通过熔炼抽丝，再用手工制框合围而成。这种高温抽丝的工艺，与前文所提琉璃的加工工艺有异曲同工之妙。清人赵翼在《陔余丛考》中引用姜绍书《韵石斋笔谈》的考证，称这种工艺源自云南，明朝弘治年间，江苏丹阳人将这种工艺引进丹阳并加以改进，由此风行当地。明代薛蕙便有《咏料丝灯》诗来歌咏此灯：

> 淮南玉为碗，西京金作枝。未若兹灯丽，擅巧昆明池。霏微状蝉翼，连娟侔网丝。烟空不碍视，雾弱未胜持。碧水点葱郁，彩石染葳蕤。霞叠有无色，云攒深浅姿。焚兰发香气，对烛映红滋。明月讵须侈，夜光方可嗤。

诗中言料丝灯的外形如蝉翼般轻薄，内如五彩之屏，光若烟雾朦胧，烛光和香气相得益彰。如此精巧的灯具，不仅是文人所好，更为达官贵人所好，明清小说如《儒林外史》《红楼梦》等书中，均对此类灯具有所描绘。丹阳的料丝灯今已失传，但在云南保山，这种灯具制作技艺仍然作为非物质文化遗产得以流传。

张岱文中还提到了一种剪彩灯，是用裁金或剪纸的工艺制成各种花卉之形，并以冰纱为外罩。此类灯具亦有文人歌

云南保山永子博物馆藏料丝灯

咏。明代曾棨《牡丹灯》云：

> 剪彩制姚黄，根株异洛阳。银灯添国色，宝篆借天香。富贵同金谷，光辉到玉堂。不须劳羯鼓，烂漫过年芳。

姚黄是牡丹花中四大名品之一，这座牡丹灯用剪彩的工艺剪裁而成，光彩夺目，彰显着富贵之相。同样是剪彩之灯，亦有富贵与野逸之别。晚明学者曹学佺的《咏墨纱灯》云：

> 质裂横疑水，光生薄似苔。凭将彩笔画，认作剪刀裁。鸟向空中度，花丛镜里开。细看若无力，不畏晓风催。

诗中所咏的也是一盏剪彩工艺制成的灯，灯上的花鸟均为彩画剪彩而成，灯外则罩以素雅的墨纱。灯上的寻常物事看似精致柔弱，但灯本身却不为破晓的寒风所吹灭，寥寥数语间也寄托了诗人的文人风骨与坚贞气节。曹学佺一生博学，但生逢明清易代之时，在清军入闽后更是自缢殉节。作为一代文人，他留下了“仗义每逢屠狗辈，负心多是读书人”的悲慨名句。回看这首咏灯之作，不禁感叹明末文人在俗世浊流中的雅趣与情操。

明清时期，除了上述这些具有一时之风尚的灯具外，还有一些独具匠心者。胡应麟在《甲乙剩言》中便提到一种“卵壳灯”：

> 尝于灯市见一灯，皆以卵壳为之，为灯为盖，为带为坠，凡计数千百枚，每壳必开四门，每门必有榱栱窗槛，金碧辉耀，可谓巧绝，脆薄无用不异，凋冰画脂耳，悬价甚高，有中官以三百金易去。

明清时期曾有巧匠在果核上雕琢出“大苏泛赤壁”之景，这种微雕工艺已然令人赞叹，但若在易碎的蛋壳上雕琢门窗斗栱，其内还要放置灯烛，其精工与巧思则令人叹为观止。

北宋文学家黄庭坚曾有脍炙人口的名句：“桃李春风一杯酒，江湖夜雨十年灯。”无论桃李、春风还是江湖、夜雨，都裹挟着尘世间的喜怒哀乐。春光明媚与寒风萧瑟之间，既有文人之间的友情与回忆，也有他们在读书宦游和寄情山水时的共情与往复。酒杯中倒映着灯光，荡涤着文人们的俗志与雅趣，同时也在繁华的现世中，昭示着一个崭新时代的到来。

电光火影耀河山：近代以来电灯的传入和推广

从火烛到电光

燧火开焰，火为人们带来了温暖的同时，也照亮了人类文明史的大半程夜路。由热到光，长久以来是人们获取光源的基本思路。英国工业革命后，随着煤炭的大量开采，人们也将目光投向了这种新的照明能源。英国人黑尔斯曾提出，把煤和其他有机物质放在密闭容器中加热可以产生可燃气。他的实验很快开启了人类照明的新篇章，在此基础上，很快便有人详述了煤气的制备。到了1760年，狄克森正式将煤气应用于室内照明的实践之中。由此，煤气灯替代了火烛，成了新的照明灯具。英国工业革命的风潮很快席卷欧洲。1801

年，在巴黎塞格莱酒店，勒邦展示了其发明——两盏经过改良的煤气灯，一盏将屋内变得温暖而明亮，另一盏则照亮了整个花园。很快，这种改良的煤气灯便应用于巴黎的街道照明中。他推动煤气灯走向商业化的同时，也让人们看到在新技术革命的背景下，理论应用于实践的速度。

当煤气灯开始广泛应用于欧洲城市照明时，一场新的技术革命也在时代大潮下酝酿着。野火曾为人们带来光明，而雷电中孕育的神秘力量则照亮人们新的前路。从摩擦生火到摩擦起电，简单的摩擦往复中，人类跨过了数十万年的历程。人们曾通过装备玻璃圆筒或玻璃板的摩擦起电机来获取电。在实验室研究中，通过摩擦起电机与莱顿瓶，人们进一步发现了金属线通电后被熔断的现象，电流的热效应由此被发现。1800年，意大利科学家伏打发现，由置于碱、盐或酸等电解液中的不同种类的金属板组成的装置能够产生电，电池由此被发明。从1820至1831年间，丹麦科学家奥斯特在实验中提出电导体周围存在磁场，英国人斯特金则进一步制造出实用的电磁铁。电磁铁的出现奠定了电力应用于实践的基础，英国科学家法拉第通过实验证明了电磁感应现象，论证了“将磁转变为电”的可能性，经过西门子等人的持续实践，最终比利时人格拉姆设计出了第一台能够真正产生连续电流的直流发电机。

在摩擦起电的实验过程中，人们逐渐发现了用电气照明的两种路径：一种是用白炽状的金属灯丝照明，即通过加热灯丝使之发光。一种是通过电弧来照明，即利用灯管内的电极刺激管内的气体，进而产生电弧发光。前者的原理在于，对连续的金属导体通以电流，可以使其剧烈地发热以达到照明目的。但在很长一段时间内，由于难以寻得稳定的金属灯丝，此类灯具一直难以应用于实践之中。伏打的实验揭示

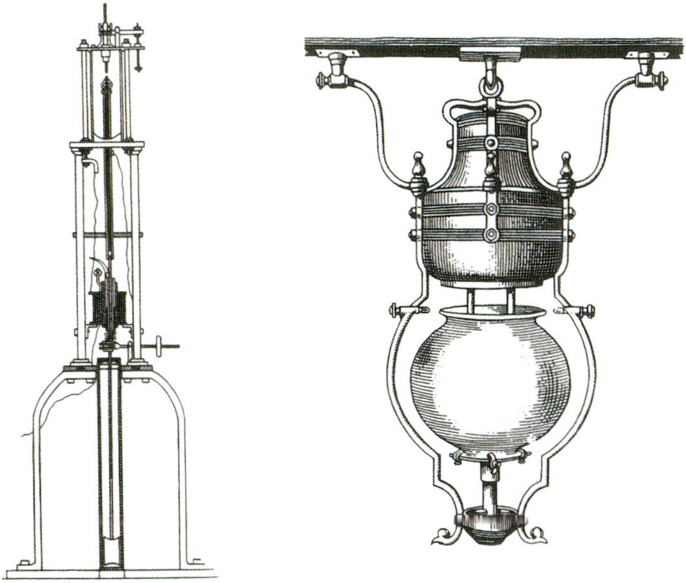

欧洲19世纪中后期的弧光灯

左图：斯泰特研制的弧光灯

右图：1880年布拉什研制的弧光灯

了电流的应用潜力，大型电池也随之陆续问世，由此人们也渐渐注意到了电弧现象。人们对电弧现象的认识催生了弧光灯，这类灯具自19世纪中叶至20世纪初一度引领世界灯具的发展潮流。英国人斯泰特曾于1848年在当时碳弧光灯的基础上研发出新的弧光灯，直到将近30年后，布拉什对这种弧光灯进行了改良，爱迪生和西门子依然使用这种技术来制造弧光灯。

格拉姆直流发电机问世后，弧光灯有了稳定的供电来源，得以大规模推广。1875年以后，欧洲的许多地方政府和私人开始供应弧光灯照明设施，这一新的照明技术也随着西风东渐传入中国。1879年5月28日，上海公共租界工部局英国电气工程师毕晓浦在虹口乍浦路一幢仓库里，调试成功了我国生产的第一盏弧光灯。几年后，中国第一盏路灯出现于上海街头。2020年9月19日晚上7时，在上海南京路步行街的1882广场上竖立起一座路灯，路灯的造型正是以一百多年前的那盏弧光灯为依据。在灯柱下方地面的时间轴上，镌刻着如下文字："1882年，中国第一盏路灯点亮"。

19世纪末，弧光灯已然盛行于世，然而，英国发明家斯旺很早就意识到，白炽灯才是未来灯具发展的方向。早在斯泰特改良弧光灯的1848年，他就制造出大量的白炽碳灯丝，但由于当时的技术瓶颈，其研制一度中断。19世纪70年代英国科学家克鲁克斯发明汞真空泵后，斯旺又重新转向白炽灯的研制，并取得了一系列专利。相比斯旺，大家更熟悉的是爱迪生，事实上，斯旺在灯具技术的研发上起步更早。他与

上海南京路上的弧光灯地标

爱迪生由竞争走向合作，最终共同成立了爱迪生·斯旺联合电灯有限公司。随后，金属灯丝的材料不断更新迭代：1898年出现了锇丝灯；1905年出现了钽丝灯；最终，我们今天常用的钨丝灯问世，人们也由此开始全面进入电灯的新时代。

宫门熠熠

明代刘若愚在《芜史》中记载：

> 宫中各长街设有路灯，以石为座，铜为楼，铜丝为门壁。每日晚，内府库监灌油燃灯，以便巡行。

从中可知，明代宫廷中的路灯，主要还是以灯油作为燃料。到了清代，宫廷中的灯具主要有两类：一类是宫廷日常照明所用，另一类是节日喜庆所用。宫灯的制作由内务府造办处统一管理，灯具的传统样式不断发展。同时，受国外装饰风尚的影响，玻璃和珐琅灯具开始流行于宫门内外。在东西文明碰撞交融的过程中，皇宫本是最早有机会接触到西方技术的，但中国的第一盏电灯并非在宫门内点亮。在上海点亮中国第一盏电灯六年之后，清廷方才将电灯引入宫内。

据杨乃济考证，清宫的第一盏电灯安装在慈禧太后西苑的仪鸾殿（今怀仁堂）外，具体位于仪鸾殿西门墙外盔头作胡同北侧的饽饽房。此事也见诸当时的档案之中：光绪十四年（1888年），海军衙门命神机营机器局总办恩佑，以白银六千两向丹商祁罗弗洋行购买了“电灯一全份，随锅炉一份及各项什物等件”。又据《奉宸苑记事簿》记载：“光绪十四年十一月二十六日，南海安设电灯锅炉宜安在仪鸾殿西围墙外。”

两年后，清政府又耗资1.22万两白银，从德国购进了一台蒸汽动力的发电机组。这套新设备被安装在颐和园宫门外。以此为基础，清政府建立了电灯公所。民国时期徐珂

《清稗类钞》中记载了这处公所的位置：

> 颐和园有船坞，琢石而成，在仁寿殿西南，与万寿山相对，旧名“宝莲航”，亦名“石舫”。光绪中叶，昆明湖始置小轮舟二艘，复于园外东南隅设电汽房，专司园中电灯。

电灯和电气房的设置无疑从整体上改变了颐和园的景观，据《颐和园电灯公所房间机器数目册》记载，机器房院共屋68间、东院房18间，蒸汽发电机3台。园内安装大炭精灯（弧光灯）2盏，普通电灯60余盏。这些电灯点亮时的效果如何？王国维曾在1912年3月作《颐和园词》，记述清末史事，其中“更栽火树千花发，不数明珠彻夜悬”一句，既有怀旧之感，但同时也描绘了园中电灯照夜的盛景。维持此般光景势必要消耗巨大财力，据清军《神机营档案》记载：颐和园、西苑电灯公所，官、工匠各20名，户部每年拨白银六万两，用于电灯公所的维护费用。光绪二十六年（1900年），八国联军入侵北京，西苑、颐和园电灯公所的两套发电机组及电灯设备均被毁坏。慈禧太后返回北京后，着手重修西苑与颐和园的电力设施。时任邮传部左侍郎的盛宣怀筹银12.49万两，向德商荣华洋行订购发电机设备。

巨大的耗资和朝中关乎体用的争论，使得电灯的推广受到层层阻挠。但有了此前在西苑和颐和园的具体实践后，慈禧太后于光绪三十三年（1907年）发布懿旨："着西苑电灯公所速即安设宁寿宫电灯，在紫禁城外采择房间，安置机器，务于年内备齐承差。"随后，内务府在紫禁城宁寿宫安置了电灯，并于北池子大悲院寺庙内择空闲房间设置发电设施，清宫还进一步购买蒸汽机、发电机及电灯、轮车等，并在第二年成立宁寿宫电灯处。宣统元年（1909年），西苑电灯公所奉隆裕皇太后懿旨："着在长春宫、建福宫、御花园各宫并长街等处安设电灯，先将建福宫正殿等处内外电灯迅速安挂，其余各殿灯只陆续接办等。"从此，紫禁城内电灯的使用范围从最初的宁寿宫一区扩大到整个内廷。至宣统三年，清宫各殿电灯大致安装完毕。玻璃的材质、繁复的装饰

晚清宫廷旧藏的电灯

左图：乾清宫内正殿上的玻璃吊灯
右图：紫禁城藏爱迪生灯泡

与新的能源供给，带给人们全新的视觉体验。特别是曾经作为议政之所的乾清宫，装上华丽的吊灯后，显得更加富丽堂皇。除此之外，清宫还收藏有爱迪生灯泡35个，这些灯泡也从另一个侧面反映着近代以来西方电灯的传入历程。

电灯在清宫的推广开启了电光代替火影的新时代，但这个过程也持续经历着争论和博弈，这从时人的日记中便可知晓一二。清末温州士人林骏曾在日记中记录了清宫电灯使用的反复：“电灯因失本太大，将尽撤。此等事非用压力，必不能通行。虎头蛇尾，徒为人笑。”

电灯的设置固然有保守人士的阻挠，更有普通百姓对于新技术根深蒂固的抵触。晚清学者皮锡瑞在光绪二十三年（1897年）十月十九的日记中记载：

> 告归，驰百里，到总上。彼不欲送到省，乃雇船。予不肯坐人载船，而所坐仍人载船也。船中三十余人，天气大热，殊不可当。人禽对巢，牛骥同皁。此辈议论绝可笑，有谓电灯、电报，洋人将以此烧省城者。或告以电火不能焚物，稍为明白，犹未知炸药等物可以电火发之也。

他在船上的见闻或许在今人看来啼笑皆非，但是“洋人将以此（电灯、电报）烧省城”的说法在当时并非只是一家之言，一些守旧的市民认为使用电灯“将遭雷殛”。除此之外，一些地方重臣也有类似的观念，例如上海道台邵友濂甚至认为“电灯之患，设有不测，焚屋伤人，无法可救”，并提出令租界内的中国商人禁止使用电灯。不过，保守的观念并不能阻止现代城市照明的发展，梁启超在《治始于道路说》一文中云：“而复然电灯以烛之，逻巡捕以叙之，禁弃粪秽以洁之，其街道之制，亦可谓精且密矣。”概述了电灯和道路对于现代城市治安管理的益处。可见，当时的有识之士并不只是将电灯当作赏玩之物，更是将其与社会和民生关联起来。由此，电灯也逐渐普及，走向大众，走进万家。

万家灯火

1865年，由欧洲传入中国的煤气灯在上海点亮，由此拉开了中国近现代城市公共照明的序幕。在此后的一百多年里，煤气灯和煤油灯对中国的生活照明产生了深远影响。在中国的农村，甚至到20世纪90年代，煤油灯还作为日常照明工具被使用。

随着电力技术传入中国，欧美人开始在中国寻找商机。1882年4月，英国人里德尔等人通过招股形式从美国购得一套完整的发电设备，并成立了上海电气公司，这也是中国近现代的首家电厂。上海电气公司在电厂的围墙内（今南京东路、江西中路路口）竖立起一座弧光灯的电杆，这座弧光灯照亮电厂四周的同时，也成为中国近现代电力照明的里程

中国近现代的煤气灯和煤油灯

碑。随后，从外滩至虹口招商局码头一线6.4公里长的道路上，相继安装了15盏弧光灯，作为城市道路照明之用，每盏灯的亮度相当于2000支蜡烛。1882年7 月26日晚7时，电厂正式供电。当这些路灯被点亮的那刻，上海也成为全世界第三个使用电能照明的城市。当京城宫墙内还在为是否安装电灯争论不休时，上海已然将电灯纳入城市规划中。

在此前二十年间，城市主干道两侧安装的主要是煤油灯或煤气灯，不仅灯光暗淡，而且影响空气质量。上海电气公司在首战告捷后，又从英国订购了蒸汽机，并另择厂址，安装了新的发电设备，这些设备可以供40盏弧光灯照明。由此，上海南京路、百老汇路以及外滩等主干道上，照明路灯全部更换为新式的弧光灯。弧光灯提升了照明质量，也降低了城市污染，但是仍然存在灯光闪烁不稳的缺点。19世纪末，欧洲对白炽灯的研制取得了新进展，上海电气公司也从英国引入了更为安全耐用的交流白炽灯。这些白炽灯的灯泡功率大小各有不同，人们按照道路规模和繁华程度的不同来分配这些灯泡。1893年开始，上海电气公司又将100伏直流配电系统淘汰，逐步改为交流供电。1899年，上海租界内安装的电灯达到了1.3万盏，至1916年，租界内的弧光灯全部为交流电白炽灯所取代，上海城市的公共照明由此焕然一新。清末藏书家翁斌孙在1918年11月22日的日记中写道：

> 上灯时西藩约同乘汽车绕行黄浦滩并各马路一周，电灯数万，照耀夺目，盖从昨日起协约国庆贺胜德，而华人亦一步一趋耳（庆贺三日，兼有提灯会，闻各省多有之）。

日记中记载了“一战”后上海街头庆贺协约国胜利的情景，“电灯数万，照耀夺目”可谓对其时电灯逐渐推广的生动描绘。

不仅在城市中，从19世纪末开始，在江河岸边也会竖立电灯来指示方向。林骏在光绪二十三年（1897年）七月二十四日的日记中记载：

> 酉初开行，维时江天昏黑，岸侧电灯高悬，照耀如星，摇风不减，倚窗旷览，心顿忘倦。

岸边那如星斗般的电灯照亮昏黑之夜，这种景象已非古时多枝百华之灯所能比拟，对于生活在新旧时代交替之际的人们来说，此番情景亦令人难以忘怀。民国名流孙宝瑄在光绪三十四年（1908年）的日记中写到自己在火车上夜渡黄河时的情景：

> 夜眠未熟，闻将渡黄河，乃起，推窗视之，电灯照耀，月色半明，河流浩渺。车行铁桥上，长十余里，二十分钟乃过，亦奇观也。

电灯的流光与河上的月色交相辉映，其壮观景象让他久难平静。孙宝瑄能诗善文，又乐于接受新鲜事物，早在光绪二十四年（1898年）他便作有一首《咏电灯》诗："爱力相摩火起无，六街凉月白千珠。行人尽在光明里，画出齐城不夜图。"前两句道出了电灯不同于传统灯烛的照明特点，后两句则吟出了电灯与行人交织下的城市夜景。

19世纪末的北京，继西苑和颐和园建立电灯公所之后，民用电灯照明也进入了历史新阶段。1899年，德国西门子公司在东交民巷成立商用电气公司，并开始向周围的领事馆与洋行提供照明电力。据史料记载，北京最早安装电灯的私人用户是安定门内菊儿胡同的怀塔布，此人曾任左都御史兼内务府大臣，紧跟其后使用电灯的荣禄家族，在晚清也是一等豪门。与上海一开始便面向民用有所不同，京城电灯的普及经历了从宫门到达官再到富户的渐进过程。光绪三十一年（1905年），官商联营的华商电力公司在正阳门内的顺城街成立，该公司提供了8000余盏电灯供电，主要面向官府、街道和商店，北京城的城市公共照明系统由此初具规模。到了1918年前后，不仅官员和富户的住宅基本实现了电力照明的装配，公共的会场也都装配了电灯。民国官员赵元成曾于1918年宦游于北平。1918年11月28日，像上海一样，北平也举行了庆祝大会，他在日记中写道：

> 晚间偕德公出正阳门看灯，因赴中央公园国民庆祝大会。会场设于社稷坛前殿，遍缀电灯，游人甚众。

从其简要的记载中，仍然可以想象游人穿梭于电灯之间的盛况。除了节日庆典，在城市的公所戏场中，日常也会设置电灯。晚清至民国时的温州学人张棡在1919年3月26日的日记中记载：

> 由大街步行赴墨池坊布业公所看戏。是所规模宏

大，其前门大洋式门楼上约点电灯数百盏，灿如列星。入内则游人杂沓，戏台上四面结彩，煤灯二盏，光如白昼，大洋房二层遍坐妇女，下面大庭中纷植花木，而游人男女看戏者错落树荫间，较之府城隍庙尤饶胜景也。

电灯在城中照亮了声色之所，此间亦是士大夫流连之地。于时有好事者赋诗以纪之曰："六街如砥电灯红，彻夜轮蹄西复东。天乐听完听庆乐，惠丰吃罢吃同丰。衔头尽是郎员主，谈助无非白发中。除却早衙迟画到，闲来只是逛胡同。"言辞之间颇具讥讽之意，但也道出了电灯在当时城市景观中的真实位置。

虽然从晚清到民国，电灯在传入中国后不断推广和普及，但是其价格本身昂贵，电价亦非普通人所能承受，此外，电厂和用电的配套设施仍有局限，电压不足，供电稳定性仍然难以得到保障。对于普通市民而言，虽然他们可以分享城市路灯的余光，但将电灯当作居家之物，仍是遥不可及之事。直到1945年前后，北平普通市民的住宅通电率仍不足30%，更不必说一般市镇。民国前夜，清政府将市场供电份额基本都划归官商联营的华商电力公司，随意操控电价，华商电力公司也由此被市民称为"黑暗公司"。从20世纪20年代到40年代末，伴随着通货膨胀，电价也飞涨。因此，即便是安装了电灯的通电之家，或因要面临经常停电的处境，或因难以维持高昂的电费，传统的油灯和蜡烛依然是生活的必备之物。

尽管这种局面直到中华人民共和国成立后才有所改观，但在当时，国人已经广泛开厂制灯。近代温州的社会活动家刘绍宽在1941年5月12日的日记中写道：

> 刘志安来，言日人此次寇温，搜去钨砂不少。此物出江西，提炼作电灯泡燃料之用，不致熔化。制炮用此，甚主要。

由此可见，当时国人已经广泛使用钨作灯丝来制作白炽灯泡，制灯的技术亦由外来传入实现了本土的普及。清人郑观应曾在《盛世危言》中提道："洋布、洋纱、洋花边、洋袜、洋巾入中国，而女红失业。煤油、洋烛、洋电灯入中国，而东南数省之柏树皆弃为不材。"这段叙述揭示了近代西方工业对中国传统经济结构的冲击，但在近半个世纪之后，我国的工业化进程已经自觉地拉开了序幕。

从油灯、煤气灯到电灯的转变，展现了我国灯具发展的历程，同时也为我们勾勒出中国时代发展的一条线索。正如清末民初的著名记者徐凌霄、徐一士所言："物质文明进步，自洋灯（煤油灯）输入，豆油灯遂见屏，电灯既兴，洋灯又形落伍，而溯洋灯之初用，固群有大放光明之感也。"新的技术推动着物质文化的变革，也激发了人们观念的迭代，从火影到电光，灯具不仅照亮了宫门、广场与庙堂，更照亮了社会发展的前路。

凤箫玉壶鱼龙舞：中国古代的上元灯会与当代传承

灯会起源

从火影到电光，灯具见证了文明的兴衰迭起，也照亮了不同时代人们的情感世界。灯具不仅是中国古代物质文化中的重要一环，也是各种节日中必不可少的道具。中国古代的传统节日活动中多有对灯光的表现，其中灯火最为绚丽的当属每年的上元灯会。中国古代的上元灯会，将古代灯具祭祀用火、等级标识与日常照明的三个传统汇流一处，同时也将传统礼仪与世俗人情有机地融合起来。

关于上元灯会的节俗起源，历史上众说纷纭。多数研究者将上元灯俗追溯至先秦“元日祈谷”的祭祀活动，并推测汉武帝在祭祀太一神时将燔燎祭祀改为大张灯火。此说的依据为何？唐代徐坚《初学记》岁时部引《史记·乐书》记载："汉家祀太一，以昏时祠到明。"作者对此又有"今人正月望日夜游观灯，是其遗事"的注解。这是上元观灯源自"汉武祭祀太一"的最早说法，从中亦可知晓，唐时已有上元观灯的节俗。上元观灯之事在隋唐的诗词中已见端倪。例如隋炀帝便有《元夕于通衢建灯夜升南楼》诗云："法轮天上转，梵声天上来。灯树千光照，花焰七枝开。月影疑流水，春风含夜梅。幡动黄金地，钟发琉璃台。"诗歌有声有色地再现了元夕时分灯树花焰的繁盛之景，这番盛景在敦煌壁画中也有描绘。这里提到的"法轮"与"梵声"自是和佛教有关，由此揭示了上元灯会起源的另一条线索。据玄奘《大唐西域记》卷八记载，摩揭陁国的北门外有摩诃菩提僧伽蓝，寺中所供肉舍利在每年如来大神变满月之日（印度十二月三十日，中国正月十五）出示众人，此时众僧云集"观佛舍利放光雨花"。佛教传入中原后，这一放灯燃火的仪式也被纳入宫廷礼仪范畴内，与华夏传统祭祀仪式相结合，故有隋炀帝诗中所描绘的景象。佛教的供灯与放灯仪式经过唐代僧人的自我建构，一度成为上元灯会起源的一种说法。据唐代释道世《法苑珠林》记载，汉明帝永平十四年（71年）上元之时，五岳诸山道士与西域和尚比法，烧经放光而卷帙无损，明帝由此便开始在此日烧灯供佛。这种说法成为北宋佛僧论及此事时的直接依据。由此看来，佛教的因

敦煌莫高窟第220窟北壁的灯树

素固然有重要影响，但也不免言过其实。

唐代前期，丝绸之路畅通繁荣，粟特胡商大量聚于长安。其中有人可上达宫廷，也由此将上元灯会进一步民间化。唐代张鷟《朝野佥载》中记载了先天二年（713年）作灯轮一事：

> 睿宗先天二年正月十五、十六夜，于京师安福门外作灯轮，高二十丈，衣以锦绮，饰以金玉，燃五万盏灯，簇之如花树。宫女千数，衣罗绮，曳锦绣，耀珠翠，施香粉，一花冠、一巾帔皆万钱，装束一妓女皆至三百贯。妙简长安、万年少女妇千余人……于灯轮下踏歌三日夜，欢乐之极，未始有之。

唐代节日时设置灯轮，常与佛教供养仪式有关，其场景在敦煌石窟唐代壁画中多有表现。先天二年正月正值武周还政李唐之后与先天政变前夜，唐睿宗本人作为此前数次政变的最终幸存者和胜出者，在上元灯会上也可谓大费周章，不仅在郭城内外燃灯数万，还召集宫女和民间妇女踏歌于灯下。这件事在《新唐书·严挺之传》中也有记载：

> 先天二年正月望夜，胡人婆陁请然百千灯，因弛门禁，又追赐元年酺，帝御延喜、安福门纵观，昼夜不息，阅月未止。

从中可知，燃灯之事是胡人婆陁所请，那么这个婆陁为何人？据敦煌文书记载：“长安县人史婆陁，家兴贩，资财巨富，身有勋官骁骑尉。其园池屋宇、衣服器玩，家童侍妾比侯王。”这个长安富商史婆陁应为一名家财万贯的粟特裔商人，其勋官大抵亦是通过财贿所得。如果文中所载婆陁便是此人，则可知唐代的粟特胡商，亦是将宫廷灯礼与民间灯俗相互串联的纽带。

除了太一之祀、佛教燃灯与胡商串联外，道教因素对上元灯会的形成也不可忽视。道教起源于东汉末年，其中五斗米道创立“三官”之说，天、地、人（或水）三官在魏晋时期与季节时日相对应，形成了所谓的上元节、中元节与下元节，其中正月十五日为上元节。唐代追老子为先祖，道教在有唐一代具有崇高地位，传统的上元节俗也与道教的灯仪相结合，而佛教的燃灯仪式在形成过程中，本身也融入了诸多道教因素。《太平广记》卷二十六引用了唐代薛用弱《集异记》中关于叶法善引导唐玄宗观灯的异事：

> 开元初，正月望夜，玄宗移仗于上阳宫以观灯。尚方匠毛顺心，结构彩楼三十余间，金翠珠玉，间厕其内。楼高百五十尺，微风所触，锵然成韵。以灯为龙、凤、螭、豹腾踯之状，似非人力。玄宗见大悦，促召师观于楼下，人莫知之。师曰：“灯影之盛，固无比矣。然西凉府今夕之灯，亦亚于此。”玄宗曰：“师顷尝游乎？”曰：“适自彼来，便蒙急召。”玄宗异其言曰：“今欲一往，得乎？”曰：“此易耳。”于是令玄宗闭目，约曰：“必不得妄视，若误有所视，必有非常惊

> 骇。”如其言，闭目距跃，已在霄汉。俄而足已及地。曰：“可以观矣。”既睹影灯，连亘数十里，车马骈阗，士女纷委。玄宗称其盛者久之，乃请回。复闭目腾空而上，顷之已在楼下，而歌舞之曲未终。

这段叙述中存在诸多隐喻，此处不作展开，但唐玄宗于正月十五在宫内观灯则是实情。相比工匠毛顺心巧夺天工的技艺，道士叶法善带领唐玄宗腾云驾雾至西凉府观灯的巧妙法术，则被披上了神秘色彩，其背后则透露出道教灯仪对于上元灯会形成的影响。有感于此事，晚唐的律赋名家王棨在《元宗幸西凉府观灯赋》中通过描绘玄宗观灯的盛景，含蓄表达了安史之乱后流寓之人的悲情。然而，时局中人怎能知晓世事之变？唐玄宗开元年间的丞相张说平生多有颂恩之诗文，其中《十五日夜御前口号踏歌词》便记载了玄宗上元观灯时的盛景：“花萼楼前雨露新，长安城里太平人。龙御火树千重艳，鸡踏莲花万岁春。帝宫三五戏春台，行雨流风莫妒来。西域灯轮千影合，东华金阙万重开。”其中各式花灯的形制可谓融合了佛教与道教，同时兼容中原与西域。这也从另一角度说明唐时的上元灯会，实则是华夏传统祭祀仪式、不同宗教中的燃灯仪式、不同地域文化中的礼仪习俗三者合流的产物，其中佛教和道教扮演了重要角色。由于皇帝本人自上而下推动，民间亦有自下而上的社会诉求，观灯活动也从宫廷礼仪逐渐走向大众，成为宋元以降的重要节俗。

据元代费著《岁华纪丽谱》记载，唐咸通十年（869年）正月二日街坊便点灯张乐，可知当时放灯并不止上元时节。于上元时节放灯的节俗，在北宋时期形成定制，同时成为国家礼制的组成部分。《宋史·礼志》载：

> 三元观灯，本起于方外之说。自唐以后，常于正月望夜，开坊市门燃灯。宋因之，上元前后各一日，城中张灯，大内正门结彩为山楼影灯，起露台，教坊陈百戏。天子先幸寺观行香，遂御楼，或御东华门及东西角楼，饮从臣。四夷蕃客各依本国歌舞列于楼下。东华、左右掖门、东西角楼、城门大道、大宫观寺院，悉起山棚，张乐陈灯，皇城雉堞亦遍设之。其夕，开旧城门达旦，纵士民观。

从引文中可知，宋初延续了唐代三元观灯的传统，通常在正月望夜设立灯楼，围绕露台还有百戏表演。皇帝行香寺观，大宴群臣，四海群集，百姓同乐，三教九流皆在灯火中纵情达旦。宋初不仅上元观灯，据《宋史·礼制》与《吴越世家》记载，北宋太平兴国年间，在中元、下元时节也曾按照上元之例，在京城行张灯之事。到了北宋淳化年间，罢中元、下元张灯，仅保留上元观灯。

唐代上元放灯一般为上元前后三天，到了北宋时期一度改为五天，据南宋王栐《燕翼诒谋录·罢张灯》记载：

> 太祖乾德五年正月甲辰，诏曰："上元张灯，旧止三夜。今朝廷无事，区宇乂安，方当年谷之丰登，宜纵士民之行乐，其令开封府更放十七、十八两夜灯。"后遂为例。

又北宋孔平仲在《谈苑》中云："京师上元放灯三夕，钱氏纳土进钱买两夜，今十七、十八夜是也。"他将上元放灯增加两天归结为吴越钱氏纳土进钱之故，但正史中明确提到上元放灯五天，是在北宋后期政和三年（1113年）始为。

市井百态

北宋上元之夜，皇帝会在京城登楼观灯，宴饮群臣贵戚，并在宴会席间赠予众人柑橘，由此留下"传柑侍宴"的典故。宋词之中常有借用此典以歌咏上元灯火，同时彰显作者朝廷近臣的身份。皇帝通过上元宴飨为灯会披上了一层政治的外衣，但在高楼之下，市井闹市亦在华灯之下呈现出人间百态。上元节布置花灯时，常在闹市中心叠成鳌形，花灯交叠如山，北宋时称为"灯山"，元代以降则称为"鳌山"。成书于元代的《大宋宣和遗事》载："自冬至日，下手架造鳌山高灯，长一十六丈，阔二百六十五步，中间有两条鳌柱。"由此可知，上元鳌山自冬至日起便开始搭建，通过如山的灯火营造出一派与民同乐的氛围。

北宋孟元老在《东京梦华录》中，也详细记载了北宋后期东京汴梁城中元宵灯会的盛景。灯山从冬至即开始搭建，至正月初七初步建成，彩山“左右以彩结文殊、普贤，跨狮子、白象，各于手指出水五道，其手摇动，用辘轳绞水上灯山尖高处，用木柜贮之，逐时放下，如瀑布状”。此时佛教中的菩萨形象，已经融入世俗场景之内。在灯山左右门上，“各以草把缚成戏龙之状，用青幕遮笼，草上密置灯烛数万盏”。在灯烛掩映下，门灯远望则如双龙飞走。在灯山至宣德门楼一线会设置乐棚和露台，各有教坊子弟进行表演。在正月十四日，皇帝车驾出巡，随车伴有红纱帖金烛笼二百对，到元宵当夜则加以琉璃玉柱掌扇灯。车驾进入灯山后，御辇倒行观灯山，民间称之为“鹁鸽旋”或“踏五花儿”。正月十六，皇帝车驾登宣德门楼，在歌舞升平中传特赦口敕。华灯宝炬与月色花光相互映照。至三鼓时分，有小红纱球缘绳索升至半空，车驾还于大内，万盏灯烛一时俱灭。此时相国寺前歌乐齐鸣。在东西塔院，亦设灯烛燃至通宵。城内街巷之间，新奇之灯层出不穷，店铺门前亦有大小灯笼悬挂。直到正月十九，连续五夜方才收灯。

至南宋时，上元花灯的新种类更是层出不穷，周密在《武林旧事》中对此进行了详细的记载，其中有无骨灯、鱿灯、珠子灯、羊皮灯、罗帛灯等。无骨灯是以绢囊贮粟为胎进行烧缀，烧成后将粟去除，整个灯体就像一个琉璃球。鱿

台州博物馆藏仙居无骨花灯

灯是将犀角、琥珀、玳瑁通过雕镂镶嵌装饰而成，这种花灯技艺在今天的浙江仙居还在传承。珠子灯是用五色彩珠为灯网，其下垂有流苏，通常用于龙舟凤辇或楼台之上。羊皮灯是用剪彩之法对羊皮进行剪彩雕镂，然后再通过彩色印染，使之形成皮影的效果。罗帛灯的种类尤其丰富，通常为百花装饰，其中有一种是在红白色彩之间描绘无数的细眼，号称“万眼罗”。除了这些种类外，还有五色蜡纸、菩提叶若纱灯、剪彩灯等，俱为精妙。在这些上元百灯中，尤以万眼罗和琉璃球最具特色，范成大在《吴郡志》曾有“上元影灯巧丽，他郡莫及，有万眼罗及琉璃球者，尤妙天下”之赞叹。

京城上元之夜百灯竞华，地方州县亦有观灯活动，城中百姓男女老少会于街巷之间，场面热闹非凡。除了争奇斗艳的灯火外，市井中的人群与面相百态也从另一个角度诠释了灯与人的关联。南宋文天祥曾于咸淳十年（1274年）的上元节走访衡州，在《衡州上元张灯记》中以白描的手法记录了当时的观灯之人：

> 妇女有老而秀者，有羸无齿者，有伛偻而相携者，冠者髻者，有盛涂泽者，有无饰者，有携儿者，有负在手者，有任在肩者，有哺乳者，有睡者，有睡且苏者，有邂逅叙契阔者，有啼者，有啼不止者，有为儿弁髦者，有为总角者，有自相笑语者，有甲笑乙者，有倾堂笑者，有无所睹随人笑者，跛者，倚者，走者，趋者，相牵者，相扶挈者，以力相把触者，有醉者，有倦者，咳者，唾者，嚏者，欠伸者，汗且扇者，有正簪珥者，有整冠者，有理裳结袜者，有履阈者，有倚屏者，有攀槛者，有执烛跂惟恐堕者，有酒半去者，有方来者，有至席散者。儿童有各随其亲且长者，有无所随自至者，立者，半坐于地者，半有坐机下者，有环客坐有坐复立者，有立复坐者。视妇女之数多寡相当，盖自数月之孩

以至七八十之老，靡不有焉。

在这段并不长的描述中，闪现过无数鲜活的面孔，他们并非都是衣冠华贵的富家子弟，或是传柑侍宴的王公大臣，他们就是市井巷陌中平凡的人们，节日的灯火在他们面前，则有着别样的意义。作者在文末云：“燕之明日，亟奋笔记之，以庶几观风之意，且使后政有考云。”上元的花灯，不仅意味着礼仪和观赏，更反映着民风、世道与人心。《宋史·王审琦传》载：

> 子承衍，雍熙中，出知天雄军府兼都部署。时契丹扰镇阳，候骑至冀州，去魏二百余里。邻境戒严，城中大恐。属上元节，承衍下令市中及佛寺然灯设乐，与宾佐宴游达旦，人赖以安。

这里提到的王承衍为北宋名将王审琦之子，文武双全，又洞晓人事。雍熙年间，他出知天雄军府时遭契丹犯境，民心惶恐不安。适逢上元节，于是王承衍下令城中燃灯作乐，民心始安。可见，上元灯火不仅为京城社会带来盛世的欢乐，在特定的背景下，也能为人们带来安心与慰藉。

从隋唐至宋元，上元灯会从宫廷走向民间，从殿堂走向市井。晚唐五代以降，中国的城市布局发生了时代性的转变，隋唐时期的里坊制逐渐瓦解，开放的街巷取代了棋盘状的高墙，草市、夜市等多种市场形式随之发展起来。到了宋元时期，不同的市场往往根据核心商品的内容确定其类别，由此形成了珠市、菜市以及灯市等。其中的灯市上，除了出售一般日常照明所用的灯具外，还会集中出售各种节日所用的花灯。《武林旧事》中便记载了南宋临安城中灯市的情景：

> 都城自旧岁孟冬驾回……天街茶肆渐已罗列灯球等求售，谓之灯市……至节后，渐有大队如四国朝傀儡、杵歌之类，日趋于盛，其多至数千百队……终夕天街鼓吹不绝。

灯市之上不仅有商品，更有弦歌鼓吹、傀儡之戏。相比灯火而言，店铺酒肆则在月明之前，便开始迎接游人到来。范成大在《上元纪吴中节物俳谐体三十二韵》中描绘了灯市上的各类花灯，包括坊巷灯、莲花灯、鹿灯、桥灯、犬灯、栀子灯、万眼灯、葡萄灯、琉璃球灯、月灯、大滚球灯、马骑灯。到了明清时期，灯市上各种类型的花灯琳琅满目，让人目不暇接。田汝成在《西湖游览志余·熙朝乐事》中对这些人物、花草、禽虫、奇巧、奢侈之灯进行了集中记录：

> 先是腊后春前，寿安坊而下至众安桥谓之灯市。出售各色华灯，其像生人物，则有老子、美人、钟馗捉鬼、月明度妓、刘海戏蟾之属。花草，则有栀子、葡

> 萄、杨梅、柿、橘之属。禽虫，则有鹿、鹤、鱼、虾、走马之属。其奇巧，则琉璃球、云母屏、水晶帘、万眼罗、玻璃瓶之属。而豪家富室，则有料丝鱼魫、彩珠明角、镂画羊皮、流苏宝带，品目岁殊，难以枚举。

除了不同类型的花灯之外，灯市上为了卖灯，常在灯中写下藏头诗让人们去商榷，通过猜灯谜活动达到推销的目的；在灯会之上，除了耀眼的灯火外，通常也会有猜灯谜的节俗。除此之外，灯市上还有社火杂剧、滚打烟火灯等表演，除了卖灯，也会贩卖糖、粽、粉、团、荷、梗、孛、娄、瓜子等零食小吃。

上元灯会自有盛世太平、与民同乐之意义，但是过度的铺张也会为百姓带来负担，同时造成奢靡浪费的风气。因此，对于上元放灯的用度，历代皆有劝谏之书和反思之文。例如，明代万历年间的礼部尚书冯琦就在《观灯篇》中写道："绮罗笙管春如绣，穷檐蔀屋寒如旧。谁家朝突静无烟，谁家夜色明于昼。夜夜都城望月新，年年郡国告灾频。愿将圣主光明烛，普照冰天桂海人。"在表现上元灯会繁华艳丽的同时，表达了对普通百姓的同情以及对国家和社会的责任感。真正的光明之烛，并不只是节日灯会上的炫目之光，更是对天下众人的普照与关怀。

流光传承

中国古代的上元灯会，在燔燎祭祀与大张灯火中，又融入佛道因素和域外文化，将灯火娱神的传统纳入国家礼仪和节日习俗当中。上元灯会在民间化的过程中，又融入了民间的审美与源自人性本身的耳目之娱，从而将娱人与娱神结合起来。相比市井鳌山的华丽，山野田园中的上元之夜，则有几分恬然与野趣。宋代词人洪瑹在《阮郎归·邵武试灯夕》中云：

东风吹破藻池冰，清光开五云。绿情红意两逢迎，扶春来远林。　花艳艳，玉英英，罗衣金缕明。闹蛾儿簇小蜻蜓，相呼看试灯。

春风破冰，山林月下，孩童们相互追逐簇拥，结伴去看花灯，一派童趣之景。

孩童提灯的形象既见于诗词中，也被绘于画卷之上。台北“故宫博物院”藏有一册清宫绘本《升平乐事图》，图册共十二幅，描绘了宫廷仕女、孩童在庭院和山水间嬉闹元宵的画面，其中涉及形制丰富的元宵花灯。在第一幅中，屋门外有三位童子，手持花灯在太湖石前游戏。其中左边那位一手持白象花灯的提索，另一手举着鱼形花灯。白象的四足

《升平乐事图》第一幅

有轮，象背上配有鞍鞯，鞍上设莲花座和束颈花瓶，瓶中插放如意、画戟等吉祥和辟邪之物。右侧两位一人坐于凭栏之上，一人面向他，手持寿桃形灯，二人谈笑甚欢。

在第三幅中，有两位女子带着三位孩童漫步于河畔的松树下。女子手提花篮灯，三位孩童前后嬉戏。一人手捧蝙蝠灯，象征福气与富贵，其中插有一支红色的蜡烛。另外两人分别手持玻璃瓶灯与琉璃球灯，此二者色彩鲜艳，均为宋明

《升平乐事图》第三幅

以来最为精致的一类。

在第六幅中有一座悬挂于支架上的大花灯，花灯如同华盖，其下悬挂着如流苏一般的小灯笼，孩童们各执小灯，簇拥着到大花灯前翩翩起舞。在第九幅中，画面中央有两位孩童，一人手持鹤形灯，灯烛置于鹤背之上。另一人双手捧起花烛，花烛之下是灵芝形灯台，相比其本身仙风道骨、松鹤延年的寓意，多了几分生动与活泼。在第十二幅中，右边一

《升平乐事图》第十二幅

位孩童高举提竿，竿上悬挂着刘海戏蟾灯。左手边两位侍女怀抱一位孩童立于太湖石上，题为“独占鳌山”。此处的鳌山并不像市井中的灯火煌煌，却把孩童的天真无邪表现得和谐畅然。除此之外，还有魁星点灯、钟馗捉鬼、群鹿竞逐等花灯，各有典故，但均是表现明清时期节庆中的吉祥之意。

从明清至当代，随着不同地域的本土传统，上元灯会的节俗也不断传承、流变，逐渐成为我们今天非物质文化遗产的组成部分。2008年6月，元宵节入选第二批国家级非物质文化遗产名录，其中灯会是这一文化遗产的核心内容之一。不同地区对于灯会有不同的表现内容，例如青海乐都的“九曲黄河阵灯俗”，上海的“豫园灯会”，江苏南京的“秦淮灯会”，浙江宁海的“前童元宵行会”，等等。在各种元宵灯会中，尤以福建地区的灯会最为集中且独具特色。其中，不少灯会将观灯游赏与酬神、游神活动结合起来，如福州“马尾—马祖元宵节俗”、漳州“云霄开漳圣王巡安灯会”、莆田“湄洲妈祖元宵出游”等，在游神过程中，突出了点灯和游灯的内容。元宵之灯，不仅有一般的祈福之意，

当代泉州的元宵灯会

更有添丁的内涵，因此许多灯会将祭祖、婚嫁与祈求人丁兴旺的仪式结合起来，如泉州晋江的“闽台东石灯俗”和南安英都的“拔拔灯节俗”。还有的灯会将观灯与当地其他特色内容结合起来，例如宁德屏南“双溪元宵灯会”中除了花灯巡游之外，还有火龙、高跷、舞狮等内容。长汀三洲镇则有“抬花灯”的习俗，其中的花灯是以竹篾片为骨架、外围镶嵌剪纸花边和玻璃珠的“琉璃子灯”，灯上装饰各类吉祥主题的图案以及古诗文。这种花灯将宋元以来的琉璃、剪彩灯等工艺结合在一起，当灯芯点亮后，数百盏小灯如星火般齐亮，展现人们对生活的美好憧憬的同时，也蕴含着添丁、添吉祥的用意。

除了观灯外，明清至当代的元宵节俗中，有许多还保留了火祭的传统。在山西、河北和西北很多地方，人们会在元宵节前后高垒煤堆或柴堆，并在周围歌唱起舞、许愿祝福，民间称之为“点旺火”，也有的地方称之为“塔火”。在河北蔚县，从明清以来就传承着一种名叫“打树花”的民俗。民间艺人们在表演时反穿羊皮袄，头戴毡帽，用冷水浸泡后的柳木勺将熔化的铁水泼洒至砖堡或城墙上。溅射的铁水瞬间犹如万朵金花绽放，又如瀑布般倾泻，四溅的铁花在夜色中犹如巨大的树冠，其壮观程度宛若烟花绽放于夜空，故而得名。蔚县地处长城沿线，铁匠是城防体系中的重要角色。铁匠的后代们在传承技艺的同时，也将元宵灯火祭祀的传统与当地的冶铁技艺相结合，由此形成了不同凡响的元宵

河北蔚县元宵节“打树花”

节俗。

鸾凤飞舞，鱼龙游走；箫鼓齐鸣，玉壶逢春。上元灯会将中国古代的不同照明传统融合在一起，将娱神之礼与娱人之俗联结在一起，将不同的地域传统和宗教汇集在一起，也将朱门高墙与市井百态缀合在一起。百千华灯的流光溢彩与熊熊燃烧的光明之火，不仅照亮了上元的夜空，也抚慰着明月映照下的山河大地。

灯火阑珊意相传：中国传统文化中的灯烛意象

“众里寻他千百度，蓦然回首，那人却在灯火阑珊处”，南宋词人辛弃疾所作《青玉案・元夕》中的这句词可谓家喻户晓。他在描绘了宝马雕车、花灯耀眼的盛景后，转而一笔，将心中的激荡与意难平徐徐道来。王国维曾言古今之成大事业者，必经历三重境界，而稼轩此词之境界最为高远。灯火阑珊之处，光明与绚丽皆有尽时，然而灯火营造出的意境，却在人们的表达中和记忆里代代相传。当我们匆匆看过灯光照亮的文明历程后，能在我们心中长久映照的，是那些灯烛凝聚成的意象，这些意象也在中国传统的文化中留下了印记。

执烛之明

《艺文类聚》引《尚书大传》卷五载：

> 晋平公问师旷曰："吾年七十，欲学，恐已暮。"师旷曰："臣闻老而学者，如执烛之明。执烛之明，孰与昧行？"公曰："善。"

这段"师旷论学"的记载同时也出现在西汉刘向的《说苑》中。师旷本是盲乐师，面对晋平公暮年求学时的担忧，他巧妙回应道，老年求学如手持灯烛前行，灯烛之明虽然不及日光，但总要强过蒙昧夜行。生而有涯，但学无止境，古人将灯烛比作求学悟道过程中的指引，它们既是智慧本身，也是人们追求智慧过程中需要具备的志向与恒心。王符在《潜夫论·赞学篇》也有关于灯烛的比喻：

> 道之于心也，犹火之于人目也。中阱深室，幽黑无见，及设盛烛，则百物彰矣。此则火之耀也，非目之光也，而目假之，则为己明矣。

在蒙昧与黑暗的幽室中，只有灯火可以照亮百物，人们不过是借助了灯火才能清晰视物，这灯火对于人的眼睛而言就好比道之于人心。这里的“道”，是对人们认知活动的最高概括，王符将灯火所象征的道提升到了超越人本体更高的层次，而这也成为“执烛之明”的另一种注脚，生动诠释了道超越生命的恒常之态。灯烛正是这种有恒之道的物化显现。

不过，无论是天地之道还是智慧之火，都依然需要有形的灯烛得以不断延续和传承。《抱朴子·内篇·至理》载：

> 夫有因无而生焉，形须神而立焉。有者，无之宫也。形者，神之宅也。故譬之于堤，堤坏则水不留矣。方之于烛，烛糜则火不居矣。

葛洪在这里讨论形神关系，主要目的在于阐释修仙当需全形以安神，而不能因形而伤神。其主旨虽与此间所论并无牵涉，但其中用烛与火的关系来类比形与神的关联，却为我们提炼灯烛的意象和内涵有所启示。我们今人在看到灯烛之火时，便会想到执烛之明与有恒之道，正是基于灯烛背后的这种形神关系。

举烛之贤

灯烛不仅象征着道与智慧，其光明的意涵也被人们用来引申、指代人的贤明。《韩非子·外储说左上》中记载了这样一个故事：

郢人有遗燕相国书者，夜书，火不明，因谓持烛者曰“举烛”而误书“举烛”。举烛，非书意也。燕相国受书而说之，曰：“举烛者，尚明也；尚明也者，举贤而任之。”燕相白王，王大说，国以治。

故事中，一个楚国人晚上要写信给燕国的宰相，因为照明的火炬不够亮，于是他让侍从将火炬举高点，一边说一边误在信上写下“举烛”两字。燕国的宰相曲解其意，借以向燕王阐释任贤之道，于时燕国大治。对此，韩非子指出“治则治矣，非书意也”，并以此讽刺了当时学人在治学过程中的穿凿附会与断章取义。

尽管燕相的说辞是一种误读，但是他将举烛与选贤关联起来，则赋予了灯烛新的意涵，后世的咏烛诗中也常可见燕相举烛任贤的典故。唐代诗人李峤历仕五朝，一度官至宰相，他在其咏烛诗中云：

兔月清光隐，龙盘画烛新。三星花入夜，四序玉调晨。浮炷依罗幌，吹香匝绮茵。若逢燕国相，持用举贤人。

全诗在描写星夜烛光后宕开一笔，通过吟咏灯烛，对燕相举贤的故事进行回应，也让文本中的误读派生出新的意义。

灯烛除了光明意象之外，其自身的燃烧过程也可以用来标识时间。南北朝时期，蜡烛已然流行于社会上层，蜡烛燃烧的时间长短往往也与人们的才华联系起来，由此出现了“刻烛为诗”的典故。《南史·王僧孺传》载：“竟陵王子良尝夜集学士，刻烛为诗，四韵者则刻一寸，以此为率。”灯烛燃烧一寸，则四韵诗成，由此彰显出作者们的才思敏捷，刻烛赋诗也成为南朝宫廷中的常设活动。同样的事迹还见于《南史·王昙首传》中，刘宋开国功臣王昙首为王导之后，其曾孙王泰每于宴会上刻烛赋诗，文不加点，深得皇帝赏识。灯烛的火光不仅映射着人的贤明，灯烛燃烧的过程也将人的巧思融入其中。

兴亡之谶

燃烧的灯烛可以揭示时间的流逝，同时也可预示人的进退和命运。《梁书·陆云公传》中记载了这样一件事：梁代的陆云公擅长下棋，常在夜间陪梁武帝侍坐。有一次在下棋时，他的武冠碰到了烛火。这本是颇为尴尬之事，恰好梁武帝想要提拔陆云公，便顺势开玩笑说“烛烧卿貂”，烛火也由此有了官员进位的意义。除了进位之象征，烛光还与个人的命运息息相关。《旧唐书·刘沔传》中记载了一个颇为离奇的事件：刘沔以前在追随李光颜征讨淮西时，为了生擒敌将，前后血战，负伤数次。有一回，他伤重卧于草中，因月黑而不知归路。睡梦中有人授以双烛，并告知他此行无患，可持灯而还。醒来以后，他眼前两束烛光炯然。从此以后，每回出行都会有这两束光出现在眼前。此事究竟是真是假难以详察，但至少可以说明，灯烛在当时是照亮人命运前路的一种意象。

灯烛与烛火不仅关乎个人的命运和前程，在魏晋时期，它们还与阴阳五行与五德历运等观念结合起来，成为王朝兴亡的谶语。东晋王嘉《拾遗记》载：

> 魏文帝美人薛灵芸，常山人也。咸熙元年，谷习出守郡，时文帝选良家子女入六宫，习以千里聘之，既得，乃以献帝。以文车十乘迎之，灵芸未至京师，数十里膏烛之光，相续不灭，又筑土为台基，高三十丈，列烛于台下，名曰烛台，远望如列星之坠地。又于大道之旁一里一铜表，高五尺以志里数。行者歌曰："青槐夹道多尘埃，龙楼凤阙望崔嵬。清风细雨杂香来，土上出金火照台。"此七字是妖辞也，为铜表志里数于道侧，是土上出金之义，以烛置台下，则火在土下之义。汉火德王，魏土德王，火伏而土兴，土上出金，是魏灭而晋兴也。

这段史料记载了三国时曹丕迎娶宫人薛灵芸时的盛况。薛氏不见于正史记载，但频见于野史笔记之中。关于她的记载未必都是史实，以上所引史料却能够反映出魏晋时期人们对于灯烛的认识。高筑烛台、遍燃膏烛的景象在民谣中被描绘为“土上出金火照台”，其间却隐含了“魏灭而晋兴”的谶纬，这固然是东晋人在构建正统时的说辞，但也揭示出烛火与时代变迁的微妙关联。

银灯之德

灯烛的价值首先体现在其燃烧的过程中，同时也体现在灯具本身的材质上。金灯、银灯、铁灯，不同材质的灯具有着不同的价值指向，其背后则折射出人们的道德和情操。《唐摭言》中有一则关于银灯的故事：唐代有个人叫作孙泰，为人有大义，曾在都市中买到一盏铁灯台，回家磨洗发现是银质，孙泰立刻将灯台归还。《太平广记》中另一则类似的故事引自《刘氏耳目记》：唐末幽州从事温琏曾在集市上遇到一个卖漆灯檐的人，温琏以为是铁灯，便花钱将其买下。一些时日后，他的家人在盛放膏烛时拂拭灯架，发现竟是银灯。正当众人皆尽欣喜时，只有温琏悯然道：“非义之物。安可宝之。”于是寻得卖主，并将银灯还给了他。灯台虽未被点亮，但归还银灯所展现出的德行与道义，却为人们所传颂。这些故事也许有着共同的叙述模式，但它们都体现出晚唐五代时期，动荡的社会中人们对于道义的推崇。这里的银灯已然成了一种符号，表达着人们对美好德行的期许。

星火之志

无论是长明之灯还是未明之灯，在不同的时代背景下，都被人们赋予了丰富的内涵。但无论哪个时代，人们都会通过歌咏灯烛，以寄托心中的志向。北宋张邦基著有《墨庄漫录》，书中多有唐宋轶事与怀归感叹之语。北宋后期有一位文学家叫张舜民（字芸叟），善嘱文作画，号称浮休居士。他因刚直敢言而屡遭贬谪。张邦基在书中记载：

> 浮休居士张芸叟久经迁责，既还，怏怏不平。尝内集分题赋诗，其女得蜡烛，有云："莫讶泪频滴，都缘心未灰。"浮休有惭色，自是无复躁进意。

久经迁贬的张芸叟常有不平之意，他的女儿则以蜡烛作为意象，道出了蜡滴和烛芯的关联，张芸叟深受启发，自此抛开了功名躁进之心。

对于尚未走上仕途的读书人而言，灯烛则是他们抒发心怀的常见意象。南宋名相叶颙曾苦读数载，作有《书舍寒灯》诗云："青灯黄卷伴更长，花落银釭午夜香。异日长檠珠翠处，苦心寒焰莫相忘。"寒舍书灯既是作者用以言志的意象，同时也是聊以慰藉的伴侣。除了灯烛本身，其上的灯花和烛泪也被文人们反复歌咏，用以畅叙事功志向与感怀报恩之心。例如唐代韩愈有《咏灯花同侯十一》诗云：“今夕知何夕，花然锦帐中。自能当雪暖，那肯待春红。黄里排金粟，钗头缀玉虫。更烦将喜事，来报主人公。”明代申时行有《烛泪》诗云：“风袭帘帷炬色寒，鲛珠错落泻银盘。红绡半湿金莲吐，紫焰微销玉箸残。传蜡汉宫春厌浥，绝缨楚馆夜阑干。须知归院承恩日，涓滴还将雨露看。”

除了入世之人外，方外诗僧也有借灯烛抒发平生之志者。晚唐诗僧齐己有《灯》诗云：“幽光耿耿草堂空，窗隔飞蛾恨不通。红烬自凝清夜朵，赤心长谢碧纱笼。云藏水国城台里，雨闭松门殿塔中。金屋玉堂闲照睡，岂知萤雪有深功。”相比金屋玉堂中的金碧辉煌，囊萤映雪则勾勒出另一番灯火之景。这里的灯烛既是草堂间照亮夜色的光源，同时也是诗人寄托清和之志的独特意象。

烛焰之思

红烛易尽，情思长存。伴随着蜡滴淌下，烛焰随风摇曳。千百年来，人们用这微弱的亮光抒发着难尽的思念之情。

《礼记·曾子问》载：

> 孔子曰：“嫁女之家，三夜不息烛，思相离也。”

古人在嫁女儿时，连续三个夜晚不会熄灭蜡烛，以此寄托离别之思。长夜漫漫，辗转难眠，灯烛也成为表达思念和哀愁的常见意象。西晋傅咸在《烛赋》中云：

> 何远宇之多怀，患冬夜之悠长。独耿耿而不寐，待鸡鸣之未央。徒伏枕以展转，起燃烛于闲房。扬丹辉之炜炜，炽朱焰之煌煌。俾幽夜而作昼，继列景乎朝阳。慨顾景以增叹，孰斯愁之可忘。

作者身处他乡，夜间寂寥难寐，于是点燃房中的蜡烛，在烛光中获得些许慰藉。灯烛也常被描绘成“寒釭”“残灯”，南北朝以来，以此为题来抒发思念或寂寥之情的诗歌比比皆是。南朝梁代诗人纪少瑜有《咏残灯诗》云：“残灯犹未灭，将尽更扬辉。唯余一两焰，裁得解罗衣。”寥寥数语便将残灯余焰描绘得意境悠长。唐代诗人刘长卿在《寒釭》诗中吟道：“向夕灯稍进，空堂弥寂寞。光寒对愁人，时复一花落。但恐明见累，何愁暗难托。恋君秋夜永，无使兰膏薄。”心中的思恋之情与寂寞之感夹杂在空堂寒光之中，诗人不断地为灯添加兰膏，想要留住这长夜中的灯光，但是灯烛之光总有尽时。在韦应物的《对残灯诗》中，诗人用“独照碧窗久，欲随寒烬灭。幽人将遽眠，解带翻成结”的诗句，写出了独处一室的幽人在灯火阑珊的惆怅中渐入梦乡的情境。

执烛之明，举烛之贤，兴亡之谶，银灯之德，星火之志，烛焰之思……中国传统文化中的灯烛意象丰富多彩，每一种面相都映照着无数张面孔。灯光依旧，但是因为不同时代、地域、身份与经历的人们，在其中注入了各自的生命体验，这些灯光也具有了不同的意义。